やさしい
環境問題読本

地球の環境についてまず知ってほしいこと

西野 順也

東京図書出版

目　次

1．はじめに ── 地球の自然と環境問題

地球の誕生から46億年，生命の誕生から38億年という長い時間を経て，現在の地球が形成された．太陽からのエネルギーと地球上の水，陸地，大気，そして，そこに息づく多様な生物が，一つのバランスの上に，お互いに深いかかわりを持っている．いま，そのバランスが崩れかかっている．

地球の平均気温が上昇している．気候変動に関する政府間パネル（IPCC）の第5次報告書（2014年）によれば，1880〜2012年の間に世界の平均気温は約0.85℃上昇した．1950年以降の気温上昇はそれ以前の2倍の速さに加速している．平均気温の上昇に伴い，海水の温度が上昇し，山岳氷河と積雪が減少，グリーンランドと南極の氷床が減少している．海面の水位は，20世紀の100年間で17 cm 上昇した．

同時に，多様な生態系が急速に失われつつある．平成13〜17年に実施されたミレニアム生態系評価では，記録のある哺乳類，鳥類，両生類で20世紀の100年間に絶滅したと評価されたのは2万種中100種にのぼる．1年間に1種の割合で絶滅している．地球上には500万〜3000万種の生物が存在するといわれており，換算すると年間250〜1500種の生物が絶滅している計算になる．絶滅の原因は人間の活動である．地球はその誕生以来，5回の大量絶滅が発生しているが，その時でも年間の絶滅数は10〜100種であったと推定されている．恐竜が絶滅した6500万年前以降，1年間に絶滅した種の数は，恐竜時代は年間0.001種，農耕が始まった1万年前は0.01種，1000年前は0.1種，100年前は1種と，人間の活動が拡大するにつれて絶滅の速度が加速している．21世紀に入り，絶滅の速度はさらに加速しており，年間1000〜1万種が絶滅しているといわれている．このままでは25〜30年後には地球上の全生物の4分

の1が失われてしまう計算になる．産業革命以降，爆発的に増加している人口とその活動は，いまや地球の環境と生態系に深刻な影響を及ぼすところまでに達している．

温暖化や野生生物種の減少以外に，地球は，熱帯林の減少，砂漠化，オゾン層の破壊，海洋汚染，開発途上国の公害，酸性雨など，様々な環境問題を抱えている．有限な地球という制約条件の中で，その環境と生態系を保全し，いかに豊かな社会を維持発展させ，次の世代に継承していくのか，という問いに人類はまだ答えを出せていない．人類は地球の自然や生態系を生存基盤として，そこから，さまざまな利益を得，要求を満たしている．現在の世代が開発によって，自然や生態系を大きく損なえば，将来世代が利益や要求を満たす基盤が失われてしまう．

誰もが地球の温暖化を防止したいと思っている．温暖化の原因は，主に石油や石炭などの化石燃料を燃やしたときに排出される二酸化炭素である．気候変動枠組条約締約国会議（COP）で何度も二酸化炭素の排出量削減に向けた話し合いが行われている．しかし，産業革命以降，大量に二酸化炭素を排出して経済発展を遂げた先進国，これから排出量を増やして発展したい新興国，温暖化によって被害を被っている途上国との立場や考え，思惑の隔たりは大きく，なかなか意見がまとまらない．地球温暖化や酸性雨，オゾン層の破壊，海洋汚染の問題は化石燃料や化学物質の使用が直接の原因である．しかし，環境問題には先進国と途上国との経済格差，歴史的背景，民族や宗教，貧困の問題など，様々な要因が複雑に絡み合っている（図1.1.1）．

一方で，持続可能な社会への取り組みは着実に動きつつある．例えば，化石燃料の代わりに，バイオ燃料，太陽光発電，風力発電，地熱発電などの再生可能エネルギーを用いる取り組みが世界各地で行われている．確かに，二酸化炭素の排出量を減らすことができる．しかし，化石燃料をどの程度再生可能エネルギーで代替できるのか，また，再生可能エネルギーの環境負荷はどの程度なのか，他へ悪影響が出ないか，正確

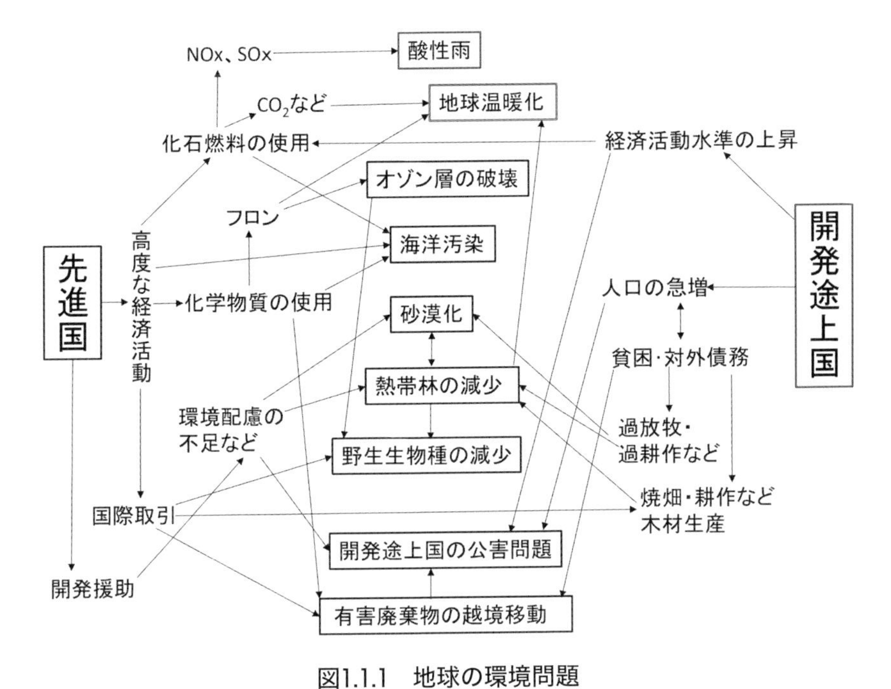

図1.1.1　地球の環境問題

環境省「環境白書」（1990年）をもとに作成．

なことは分かっていない．

化学物質についても，人類は化学物質によって豊かな生活を享受している一方で，様々な化学物質を環境中に排出している．これらの物質は長いこと環境中にとどまり，地球温暖化やオゾン層の破壊など，地球の環境に直接影響を与えるだけでなく，生態系の中で，主に，食物連鎖を通して移動，蓄積し，大型哺乳類や鳥などに濃縮されている．役に立っている化学物質をどのように使えばよいのだろうか．

このような問題に対して，私たちは，まず，正しい知識を持って現状を理解することが求められる．情報化時代の中にあって，環境の問題についても様々な情報が飛び交っている．情報の正誤の判断力をつけ，誇大・誇張を排除し，誤解を解消することが，まず第一歩である．次に，各自が正しい知識と環境倫理を持って，環境問題に対処し，自らの専門性，技術力を生かして行動，実践することが大切である．

ここでは，まず，地球環境について理解するために必要な基本的な事項と，人間の活動の現状について概説する．化学物質についても，環境中での動態や生体影響について理解するための基本的な事項と考え方を述べる．さらに，人類の持続可能な発展について触れ，人間の豊かさと持続可能な社会について考えてみたい．

2．地球の物質循環とエネルギー利用のしくみ

2.1 物質の性質と環境中の動態

(1) 水の性質

地表面の71％（3.63億 km^2）は海であり，水は地球の気候と物質の循環に大きな影響を与えている．生命もまた原始の海の中で生まれたとされており，水は地球にとっても，生物にとっても重要な存在である．

水には，河川や海のように，液体の水もあれば，雪や氷河，海に浮かぶ氷山のような固体の氷もある．河川や海の水は蒸発して気体となり，上空で冷えて再び液体となり，雨となって，陸地に降り注ぎ，河川を通って海に集まる．地球の大きな物質循環を形成している．水は蒸発するときに周囲の熱を吸収し，凝縮して液体になるときにその熱を周囲に吐き出すことで，地表付近の熱を上空に運ぶ働きをしている．同時に，水は様々な物質を溶解する．土壌中の Ca^{2+} は水に溶け，河川を流れて海に運ばれる．そこで，水中の CO_2 と反応して $CaCO_3$ に変換され，あるいは，貝類や造礁サンゴ類などによる石灰化の働きを通して海に蓄積される．海に蓄積された Ca^{2+} は地殻変動などにより再び陸地に供給される．

水は固体の氷になると，比重が軽くなり水に浮く．そのときに，凝固熱を周囲に放散する．地球が冷えてくると，水は氷になり，周囲に熱を放出して，冷えすぎるのを緩和する．逆に，暖かくなると，氷は周囲の熱を吸収して解け，温暖化を緩和する働きをしている．

このように，水の変換，移動，蓄積と循環は地球の環境とその維持に深くかかわっている．人工的に作り出され環境中に放出された化学物質

も，地球の環境維持機構の中で，水との相互作用を通して，変換，移動，蓄積と循環を行っている．

(a) 水の三態と相転移

多くの純物質や混合物は，温度と圧力の条件に応じて，気体，液体，固体の状態をとる．水の場合，気相，液相，固相間の状態変化は図2.1.1のようになり，気相と液相との境界線を蒸気圧曲線（図2.1.2），固相と気相との境界線を昇華曲線，固相と液相との境界線を融解曲線という．また，水は非常に大きな融解熱，気化熱および比熱を持っている（表2.1.1）．これらの熱物性は，地球の熱移動，気候緩和に大きな役割を果たしている．

水の密度は温度によって変化し，液体の水は4℃で密度が最大になる（図2.1.3）．氷の密度（0.917 g/cm^3）は，液体よりも10%小さく，氷は水に浮く．水に浮くことによって，大きな融解熱と合わせて，地球の気候緩和に大きな役割を果たしている．また，気温が低下し，池や湖の表面が凍結しても，密度の大きな4℃付近の水が水底に沈み，生物の生存が可能になる．また，水は凍ると密度が小さくなった分膨張する．岩にしみ込んだ水は，凍ると膨張して岩石を砕き，風化を進める．

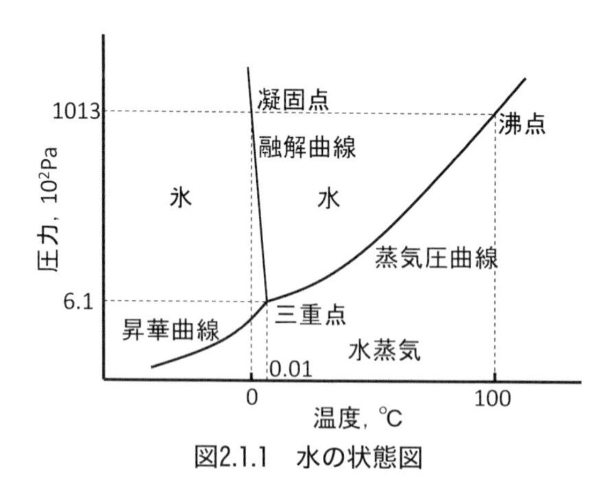

図2.1.1　水の状態図

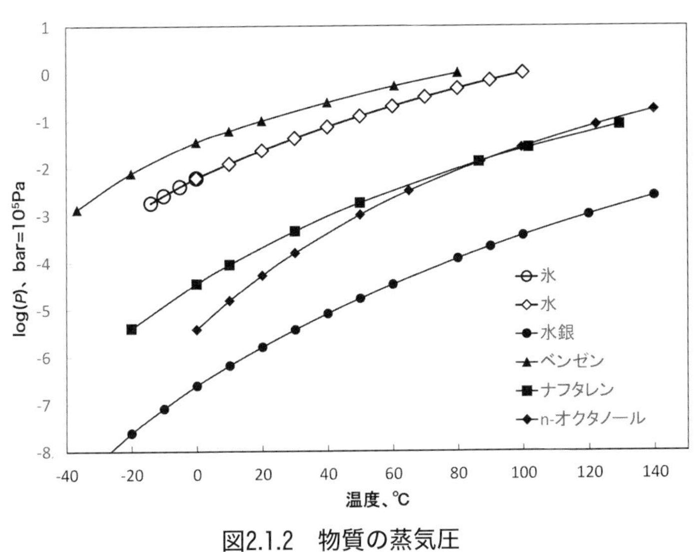

図2.1.2　物質の蒸気圧

出典：『化学便覧』

表2.1.1　水の主な物性値

	条件	物性値	単位
沸点	1 atm	100	℃
融点	1 atm	0	℃
気化熱		40.66	kJ/mol
融解熱		6.01	kJ/mol
密度	液体，20℃	0.9982	g/cm^3
	固体，0℃	0.9168	g/cm^3
比熱	20℃	4.18×10^3	J/(kg·K)
熱伝導率	20℃	0.603	J/(m·s·K)
比誘電率	20℃	80.4	
表面張力	20℃	7.27×10^{-2}	N/m
粘性係数	20℃	1.0×10^{-3}	Pa·s

出典：『化学便覧』

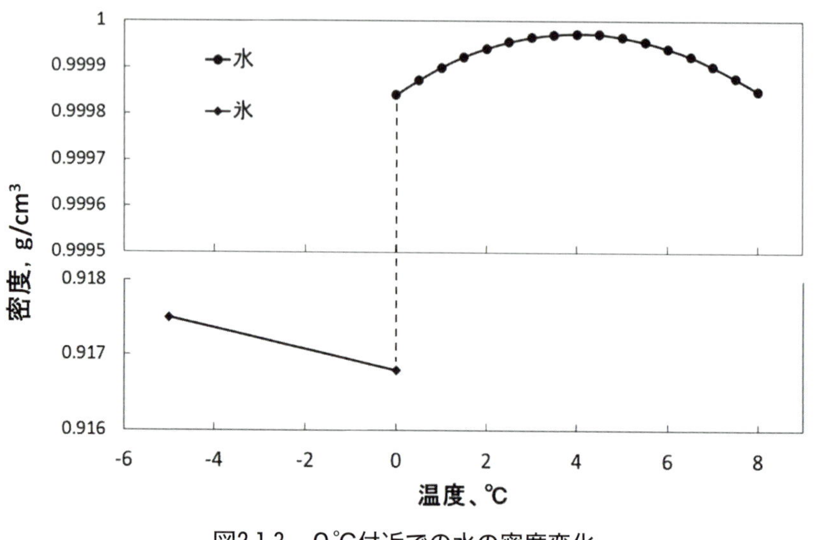

図2.1.3　0℃付近での水の密度変化

(b) 水の誘電率

水は液体物質の中で最も誘電率が大きい．分子内の電荷が正極（＋）と負極（－）に分かれ（分極）易く，かつ，分極の程度が大きいため，電解質をよく溶解する．非電解質でも，エタノールのような極性物質は水と水素結合をつくることによって溶解する．

誘電率が大きい水は，微小な粒子を分散し，水中に懸濁させることができる．水の中の微粒子はその表面に水分子や電解質が吸着し，電気二重層を形成して帯電する．帯電した粒子同士はクーロン力によって反発し，水中に懸濁する（図2.1.4）．水のpHや電解質濃度が変化し，粒子表面の電荷が中和されると，粒子同士はファンデルワールス力によって凝集し，沈殿する（図2.1.4）．図2.1.5では，粒子の表面電位に相当するゼータ電位の絶対値が大きいときには，粒子同士がクーロン力によって反発し，分散しているため，粒径が小さいが，ゼータ電位の値がゼロ（等電点）付近では，粒子同士が凝集し，粒径が大きくなっている．

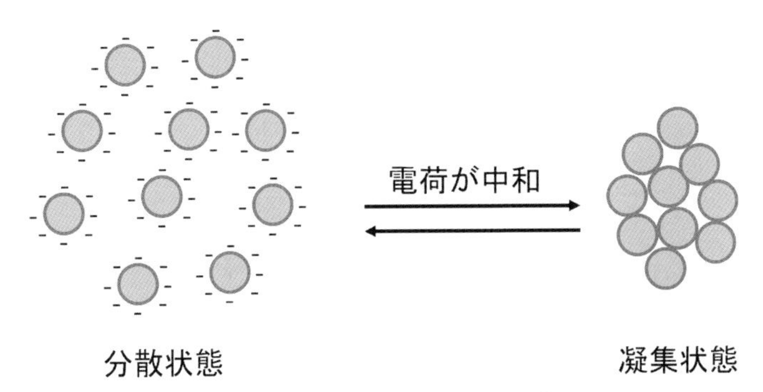

図2.1.4　懸濁液の分散と凝集

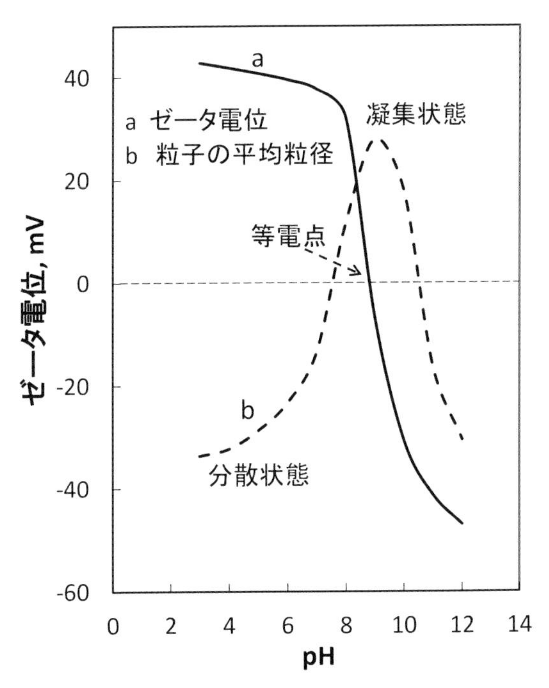

図2.1.5　アルミナ粒子のゼータ電位 — pH図
大塚電子㈱「WEBで学ぶ【応用】ゼータ電位の測定データいろいろ」をもとに作成.

生体の中の脂肪やたんぱく質などの栄養素も，また赤血球や白血球などの血球成分も水の誘電率が大きいため，血漿や組織液に懸濁し，運搬される．同時に，老廃物が体外に運搬されるのも，水の誘電率のおかげである．

(c) 水への溶解度

ある温度と圧力のもとで，物質を水に溶かしたとき，それ以上溶けなくなる濃度を溶解度という．物質が固体や液体の場合，通常は標準大気圧条件下での値をさす．溶解度は温度に大きく依存する（図2.1.6）．

物質が気体で，溶質である水に接している場合，物質の溶解度（A_{liq}）は気体の圧力（分圧，p_A）に依存する．分圧があまり高くない場合，溶解度は分圧に比例する（ヘンリーの法則）．ここで，K_A は平衡定数である．一般に，気体の溶解度は温度が高くなると減少する．

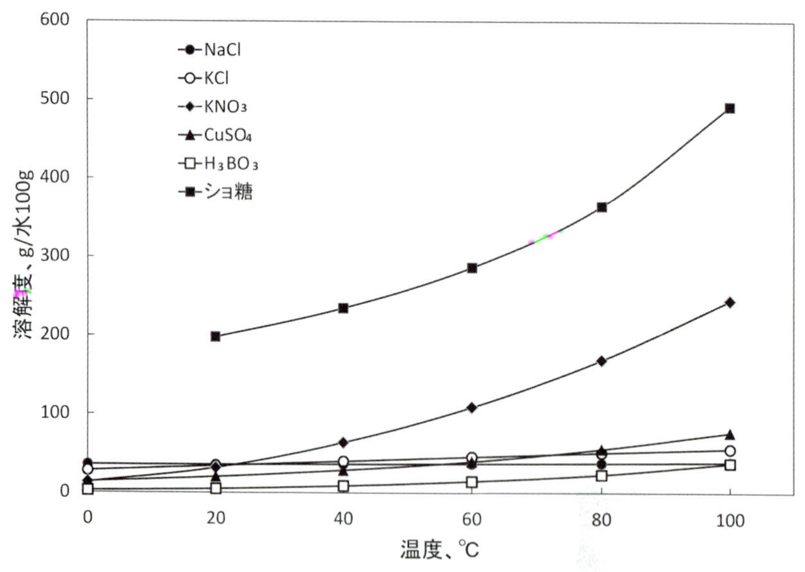

図2.1.6　化学物質の水に対する溶解度

『化学便覧』をもとに作成．

$$A_{\mathrm{liq}} \rightleftarrows p_{\mathrm{A}}$$

$$K_{\mathrm{A}} = \frac{p_{\mathrm{A}}}{[A_{\mathrm{liq}}]}$$

水のpHは，おもにCO_2の溶解とH_2CO_3，HCO_3^-，CO_3^{2-}の平衡に依存する（図2.1.7）．水にCO_2が飽和した状態のpHは25℃のとき5.6である．

土壌から溶け出した物質は河川によって海に運ばれ，海水中に濃縮されていく（表2.1.2）．土壌の溶存成分であるカルシウムは水に溶解した大気中のCO_2と反応し，石灰岩となり海に蓄積される（1×10^{13} g-carbon/年）．CO_2は大気と水との間で平衡関係にあり（図2.1.7），水溶液中のCa^{2+}濃度およびpHと大気中のCO_2濃度（P_{CO_2}）との関係は，25℃，標準大気

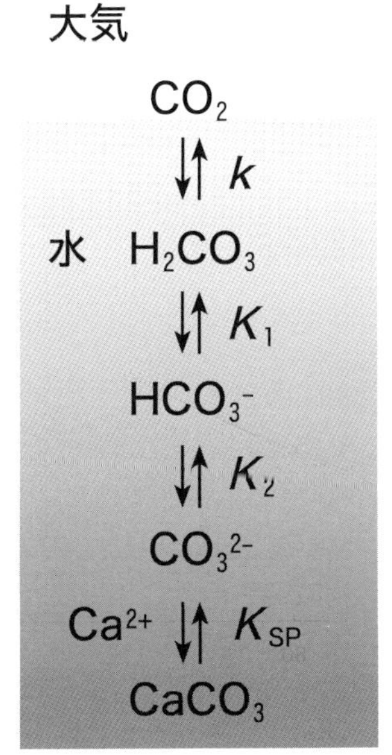

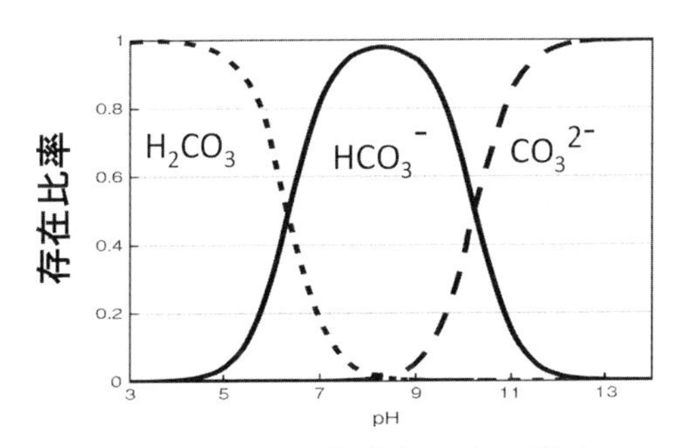

図　水のpHと各成分の存在比率

$K_{SP} = [Ca^{2+}][CO_3^{2-}] = 10^{-8.3}$

$K_1 = [H^+][HCO_3^-]/[H_2CO_3] = 10^{-6.4}$

$K_2 = [H^+][CO_3^{2-}]/[HCO_3^-] = 10^{-10.3}$

$k = [H_2CO_3]/P_{CO_2} = 10^{-1.5}$

温度298 K

図2.1.7　水とCO_2の平衡反応

表2.1.2　河川水・海水の化学成分濃度

mg/L

化学成分	海水	河川水		雨水
		世界	日本	日本
Na^{+}	10500	5.3	6.7	1.1
Mg^{2+}	1300	3.1	1.9	0.36
Ca^{2+}	400	13.3	8.8	0.97
K^{+}	380	1.5	1.19	0.26
Sr^{2+}	8	―	0.057	0.011
Cl^{-}	19000	6.0	5.8	1.1
SO_4^{2-}	2650	8.7	10.6	4.5
HCO_3^{-}	140	51.7	31.0	―
CO_3^{2-}	18	―	―	―
Br^{-}	65	―	―	―
F^{-}	1.3	―	0.15	0.089
I^{-}	0.06	―	0.0022	0.0018
SO_2（溶存）	6	10.7	19.0	―
H_3BO_3	26	―	―	―

安原昭夫『新版地球の環境と化学物質』（三共出版，2013年）をもとに作成．

圧の場合，以下の式で表される．

$$\log Ca^{2+} = 9.9 - 2\,pH - \log P_{CO_2}$$

大気中のCO_2濃度が一定（390 ppm）の場合，pHが高いほど，水溶液中のCa^{2+}濃度が低くなり，CO_2は$CaCO_3$として固定される．海水のpHは8.1程度であり，海水中のCa^{2+}平衡濃度は1.3×10^{-3} mol/L（51 mg/L）になる．実際には，カルシウムおよびCO_2はCa^{2+}，HCO_3^{-}，CO_3^{2-}，$CaCO_3$として海水中に蓄積されている（図2.1.8）．また，CO_2は植物プランクトンによる光合成で有機物に変換され，海水中に蓄積される．海水中の有機物の総量は，溶存状態で1×10^{18} g-carbon，粒子状態で3×10^{16} g-carbonである．

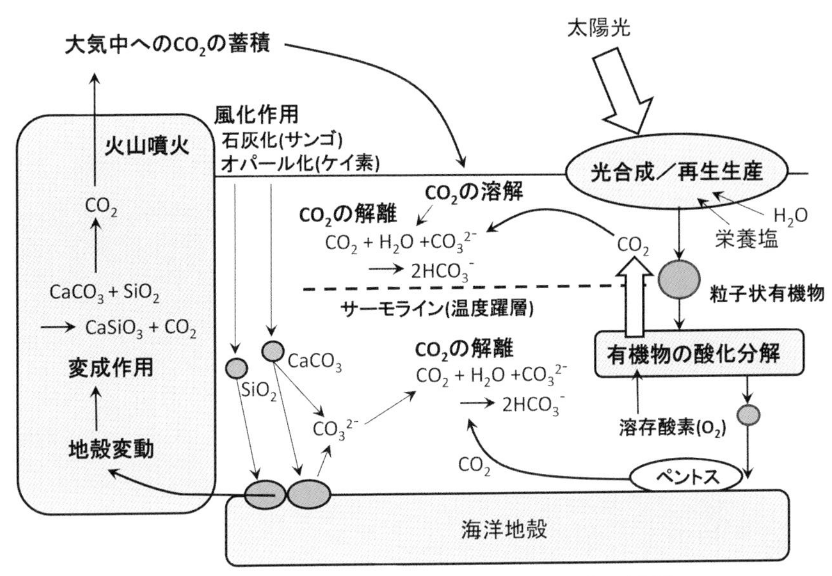

図2.1.8　カルシウムの変換，移動，蓄積と循環

三菱総合研究所資料をもとに作成.

実際にCO_2が溶け込んでいるのは，主に海水の表層部だけで，表層から深層部まで，すべての海水中にCO_2が均一に溶解しているわけではない．表層から深度10〜150 mまでは海水の上下混合がよくおこるが，そこから深い部分には，温度躍層（サーモライン）が生じて，表層部との上下混合が起こりにくい．

(d) 酸化と還元

金属などが水と接触すると，酸化還元反応を起こし，酸化還元電位と水素イオン濃度（pH）の条件に応じて，特有の化学形態をとる．酸化還元電位は，反応に関わる溶質濃度に依存し，ネルンストの式に従う．

$$aA + bB + cC \rightleftarrows xX + yY + zZ$$

$$E = E^0 - \frac{RT}{nF}\ln\left(\frac{[X]^x\cdot[Y]^y\cdot[Z]^z}{[A]^a\cdot[B]^b\cdot[C]^c}\right)$$

ここで，E：酸化還元電位，E^0：標準電極電位，R：気体定数，F：ファラデー定数，T：温度（K），n：反応に関与する電子の数である．

水は電解質であり，H^+ と OH^- に解離し，室温では下式のような解離平衡の状態にある．

$$H_2O \rightleftharpoons H^+ + OH^- \qquad Kw = 1.0\times10^{-14}\,mol^2/L^2\,(25\,℃)$$

H^+ イオンは，酸素の酸化作用によって水を生成し，また，自ら電子を受け取り水素に還元される．

$$O_2 + 4H^+ + 4e^- \rightleftharpoons 2H_2O \qquad E = 1.23 - 0.059\cdot pH$$

$$2H^+ + 2e^- \rightleftharpoons H_2 \qquad E = -0.059\cdot pH$$

これらの半反応に対する酸化還元電位は，ネルンストの式から，25℃で水素および酸素分圧を 1 bar としたとき，上に示した２つの式で表される．これらの式から求まる酸化還元電位を pH に対してプロットすると，図2.1.9の２本の直線で表される．この２本の直線に挟まれた領域が，水が安定して存在する範囲である．

新鮮な水が大気と接しているところでは，水は O_2 で飽和していて，強力な酸化剤である酸素によって，多くの物質が酸化される．一方，酸素が存在せず，特に還元剤となる有機物が含まれている場合には，還元がさらに進んだ状態の物質が水中に見いだされる．

水の pH を決めている主な酸は CO_2 の溶解と H_2CO_3，HCO_3^-，CO_3^{2-} の系であり，溶けている無機炭酸塩が塩基を供給する．また，生物の呼吸によって O_2 が消費され，CO_2 が放出されるから，生物学的な活動も重要である．この酸性酸化物 CO_2 は pH を低下させ，電位をより正にする．この逆の過程である光合成では，CO_2 が消費されて O_2 が供給され

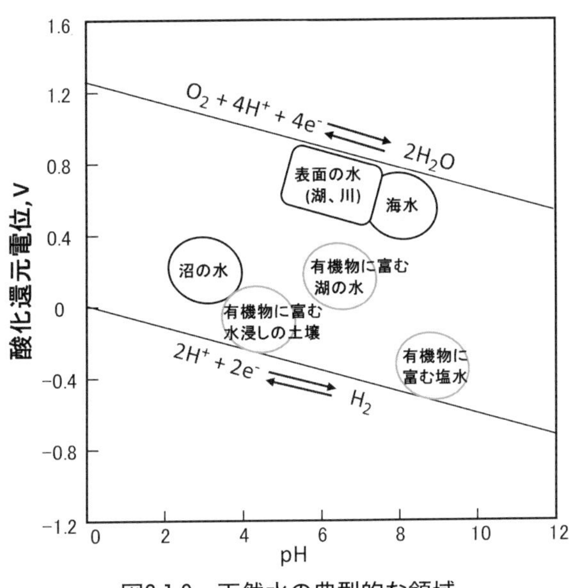

図2.1.9　天然水の典型的な領域

温度 298 K，P_{O_2} = 1 bar，P_{H_2} = 1 bar.

る．この酸の消費によって，pH が上昇し，電位はより負になる．酸化還元電位と pH によって特徴づけられる典型的な天然水の領域をまとめると図2.1.9のようになる．

金属の場合，鉄を例にとると，水中では次のような反応によって，化学形態が決定される（図2.1.10）．

$$Fe^{3+}(aq) + e^- \rightleftharpoons Fe^{2+}$$

$$E = 0.77 - 0.059 \cdot \log\left(\frac{[Fe^{2+}]}{[Fe^{3+}]}\right)$$

$$Fe^{3+}(aq) + 3H_2O \rightleftharpoons Fe(OH)_3(s) + 3H^+$$

$$\log[Fe^{3+}] = -3 \cdot pH + 4.8$$

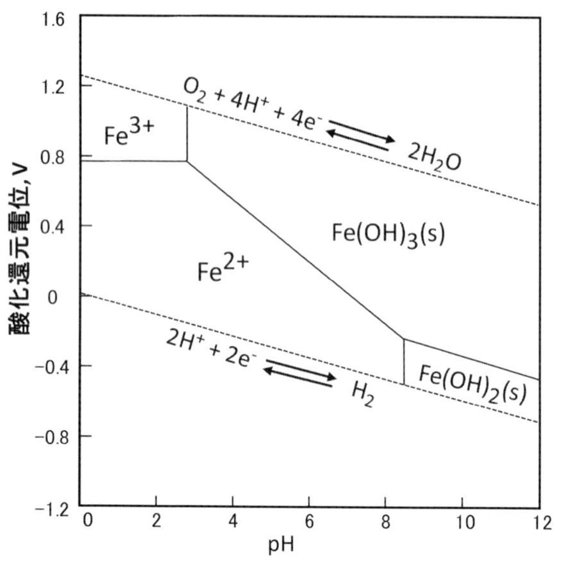

図2.1.10　天然に存在している鉄の化合物形態

温度 298 K, P_{O_2} = 1 bar, P_{H_2} = 1 bar, $[Fe^{2+}] = 10^{-4}$ mol/L, $[Fe^{3+}] = 10^{-4}$ mol/L.

$$Fe(OH)_3(s) + 3H^+ + e^- \rightleftarrows Fe^{2+} + 3H_2O$$

$$E = 1.06 - 0.177 \cdot pH - 0.059 \cdot \log[Fe^{2+}]$$

$$Fe^{2+}(aq) + 2H_2O \rightleftarrows Fe(OH)_2(s) + 2H^+$$

$$\log[Fe^{2+}] = -2 \cdot pH + 13$$

$$Fe(OH)_3(s) + H^+ + e^- \rightleftarrows Fe(OH)_2(s) + H_2O$$

$$E = 0.27 - 0.059 \cdot pH$$

天然水の環境下で鉄は，酸化還元電位の高い領域では主に $Fe(OH)_3$ の形態で水に懸濁し，酸化還元電位の低い領域では Fe^{2+} の状態で水に溶解している．

(2) 物質の環境中での動態に関する基本的性質

(a) 蒸気圧

容器に入った液体を，蓋をせずに放置すると，液体が無くなるまで蒸発する．蓋をした容器の中に液体を入れると，液体と気体が平衡に達する．この時の気体の圧力を蒸気圧という（図2.1.2）．純物質の蒸気圧は，温度に依存し，固体でも蒸気圧（昇華圧）を持つ．

例えば，ダイオキシン類など，環境中に微量存在する高沸点の化学物質ついて検討してみる．2,3,7,8-TCDD（テトラクロロジベンゾジオキシン）は融点320℃で，毒性換算に使われるダイオキシン類の沸点は400～500℃の範囲で，常温での蒸気圧は約10^{-6} Paである．ダイオキシン類の環境基準0.6 pg-TEQ/m^3は大気中の分圧4.2×10^{-14} Paに相当し，蒸気圧より低いことから，ダイオキシン類は常温で気体として存在する．ただし，これは純物質の場合であり，環境中にはさまざまな物質が存在しており，また，水溶液と気相との溶解平衡を考量する必要があるが，環境中に放出されたダイオキシン類の多くは，大気中に漂う微粒子などの表面に付着して存在していると考えられる．化学物質が大気中に存在するか，水相あるいは固相に存在するかは，その物質の全地球規模での拡散や移動を考えるうえで大きく影響する．大気中に存在する場合，その拡散は水相や固相に比べて著しく速く，移動距離も大きい．

(b) 大気と水，水と有機相の分配と移動

大気と水相との間の分配は，空気と雨滴，霧，大気と河川，湖沼，海洋間の分配のように，環境中での物質の動態を知るうえで重要である．

ある物質（A）が溶質として溶解している液体と，これに接する気体からなる系を考えた時，溶質濃度が低く，理想溶液の状態にある場合，蒸気中の溶質の分圧（p_A）は，溶液内のモル分率（x_A）に比例する（ラ

ウールの法則).

$$p_A = x_A \cdot p_A^*$$

ここで，p_A^*は物質（A）が純溶媒の場合の蒸気圧である．

有機相と水相間の物質の分配定数（$K_{A_{OW}}$）は，両相における物質のモル濃度を用いて表される．

$$A_W \rightleftharpoons A_O$$

$$K_{A_{OW}} = \frac{[A_O]}{[A_W]}$$

ここで，A_Wは水相，A_Oは有機相における物質Aを表している．有機相と水との物質の分配は水と土壌，底質，懸濁粒子などの天然の固体や生物との間で起こる物質の動態，および生体組織内で起こる脂肪への物質の動態とみなすことができる．物質の有機相と水との分配は有機相にn−オクタノールを用いて測定されている例が多い（表2.1.3）．

(c) 吸着による分配，吸着等温線図（図2.1.11）

吸着は，物質の環境中での動態に大きく影響する．吸着現象は液相と固相，および気相と固相との間の平衡，分配の現象であり，温度一定の条件下で，気相中の物質Aの分圧（p_A），あるいは溶液中のモル分率（x_A）と吸着量（q_A）との関係で表される．

一般に，吸着量が多くない範囲では，ヘンリーの法則に従い，吸着量（q_A）は物質の分圧（p_A）あるいはモル分率（x_A）に比例する．

表2.1.3　有機化合物のn-オクタノール-水分配係数（K_{Aow}）と水への溶解度との関係（25℃）

関係式（$\log K_{Aow} = -a \cdot \log C_{Aw} + b$）の係数 a, b と直線関係が得られる $\log K_{Aow}$ の範囲

有機化合物グループ	a	b	$\log K_{Aow}$ の範囲
アルカン	0.85	0.62	3.0 ～ 6.3
アルキルベンゼン	0.94	0.60	2.1 ～ 5.5
多環芳香族	0.75	1.17	3.3 ～ 6.3
クロロベンゼン	0.90	0.62	2.9 ～ 5.8
PCB	0.85	0.78	4.0 ～ 8.0
PCDD	0.84	0.67	4.3 ～ 8.0
フタル酸エステル	1.09	-0.26	1.5 ～ 7.5
脂肪族エステル（RCOOR'）	0.99	0.45	1.0 ～ 2.8
脂肪族エーテル（R-O-R'）	0.91	0.68	1.0 ～ 3.2
脂肪族ケトン（RCOR'）	0.90	0.68	1.0 ～ 3.1
脂肪族アミン（$R\text{-}NH_2$，R-NHR'）	0.88	1.56	1.0 ～ 2.8
脂肪族アルコール（R-OH）	0.94	0.88	1.0 ～ 3.7
脂肪族カルボン酸（R-COOH）	0.69	1.10	1.0 ～ 1.9

* C_{Aw}：有機化合物Aの水への溶解度（mol/L）

出典：川本克也『環境有機化学物質論』（共立出版，2006年）をもとに作成

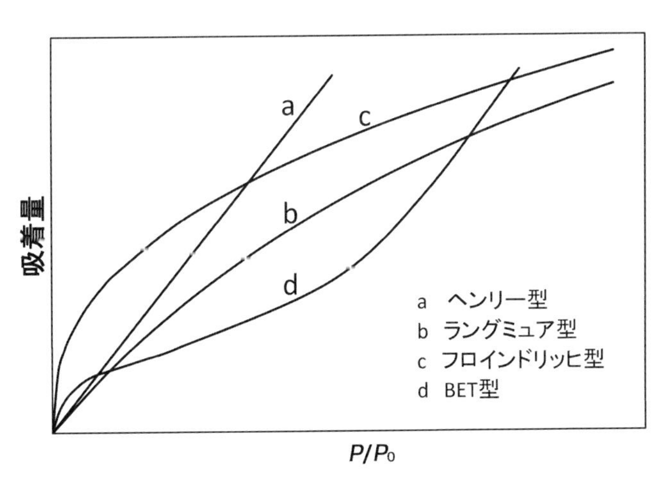

図2.1.11　典型的な吸着等温線

2.2 エネルギーを利用するしくみ

(1) 太陽からのエネルギーとその利用

雨や雪，暴風などの気象現象や四季折々に咲く草花など，地表付近で起こる様々な自然の活動は，大部分が1.5億km離れた太陽から届くエネルギーを源としている．そのほか，地中のマントルのエネルギー，地球の公転や自転のエネルギーがあるが，通常は太陽からのエネルギーに比べると影響が小さい．

太陽の表面温度は約5770 Kと推定され，波長483 nmにピークを持ち，主に波長0.2～7 µmの光である．この光が地球に到達すると，大気によって紫外領域や遠赤外領域の光が吸収され，主に可視領域から赤外領域（0.3～4 µm）の光が地表に到達する．この波長領域の太陽放射スペクトルを，大気の外側（高度11 km）と地表面（海水面）で観測すると，地表面に到達する光は，オゾンや酸素，水，二酸化炭素によって，特定の波長領域の光が吸収されている（図2.2.1）．一方，0.3～1.2 µm，1.4～1.8 µm，2～2.5 µm，3.4～4.2 µmの波長の光が地表に到達している．このように光が透過する波長域を「大気の窓」と呼んでいる．「大気の窓」は遠赤外域（4.4～5.5 µm，8～14 µm）にも存在する．

太陽から地球に到達するエネルギー（図2.2.2）は約5.6×10^{24} J/年である．大気を通過して地表に届く間に，約27％が大気中の気体や雲，エアロゾルによって，さらに，約3％が地表面で反射され，宇宙空間に直接放射される．これらの反射をアルベドという．反射されずに地表付近に到達し，吸収されるエネルギーは約70％であり，地表付近から放射され宇宙に散逸するエネルギーもこれとほぼ等しい．地表付近に到達したエネルギー（全体の約70％）のうち，約23％は大気に，約47％は地表に吸収される．地表に吸収されたエネルギーの半分（約23％）は水の蒸発に使われ，蒸発時に地表の熱を吸収して上空に運び，凝縮するときにその熱を放出している．この熱は大気に吸収されたエネルギーと合

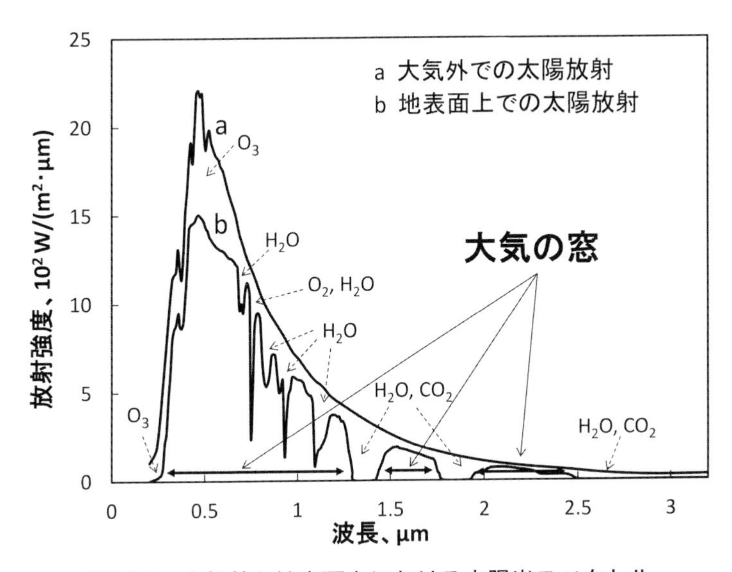

図2.2.1 大気外と地表面上における太陽光スペクトル

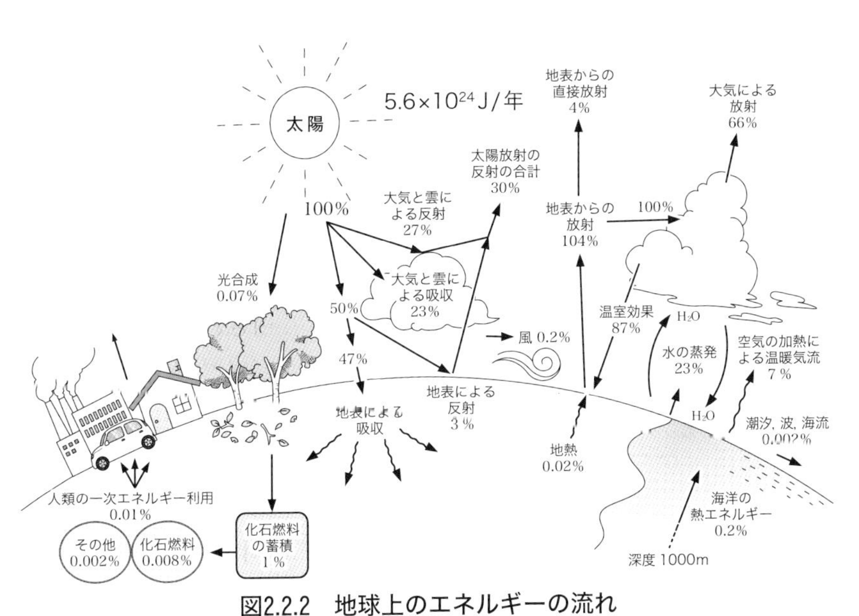

図2.2.2 地球上のエネルギーの流れ

明治大学，環境科学講義資料をもとに作成.

わせて，宇宙に放散されている．地表面からの放射熱は一部（約４％）が大気の窓を通って宇宙に放散されるが，大部分は大気に吸収され温室効果として再び地表に放射されている．

地表に吸収されたエネルギーは宇宙に放出されるまでの間に，水の蒸発，凝縮による循環以外に，地表において，大気の流動，植物の光合成などに用いられる（図2.2.2，表2.2.1）．光合成には約4.0×10^{21} J/年が使われる．地上に届くエネルギーの約0.07％である．一方，人類の総エネルギー消費量は約5.2×10^{20} J/年（約125億石油換算t/年〈2012年〉）である．この値は太陽から投入される全エネルギーと単純に比較すると著しく小さい（約0.01％）が，地上の植物が光合成により二酸化炭素を固定化し利用するエネルギーから，植物が消費するエネルギー（呼吸によって二酸化炭素を放出）を差し引いた，純一次生産（約3.0×10^{21} J/年）の約17％に達する．

表2.2.1　地球上のエネルギー流量

エネルギー源	エネルギー流量（10^{23} J/年）
太陽から宇宙へ放射されるエネルギー	1.2×10^{11}
地球に入射する太陽エネルギー	56
地球の気候や生物圏に影響するエネルギー	39
水の蒸発に使われるエネルギー	13
風力エネルギ	0.11
光合成に使われるエネルギー	0.040
純一次生産力に使われるエネルギー	0.030
地球の内部から表面に伝達されるエネルギー	0.013
人類が消費した全一次エネルギー（2012）	0.0052
消費された化石燃料のエネルギー（2012）	0.0043
潮汐と波力エネルギー	0.0013
日本の全エネルギー消費量（2012）	0.00021
人類が消費した食糧エネルギー（1990）	0.0019

Spiro, T. G., Stigliani, W. M.『環境の科学』（正田誠，小林孝彰訳，学会出版センター，1985年）一部改編．

地表付近に届くエネルギーと放出されるエネルギーはおよそバランスがとれているので地表の温度はほぼ一定に保たれている．しかし，地球に届くエネルギーは高温の太陽表面（約5770 K）から放射されるピーク波長483 nmの光である．エネルギーの値を温度で割ったエントロピーの値は小さく，エネルギーの質が高い．一方，地球から放出されるエネルギーは低い地表温度（平均気温約288 K）からの長波長の放射であり，エントロピーが高く，質が低い．外部からのエネルギー供給がない孤立した系のエントロピーは，放っておくと増加し続ける（熱力学第二法則）ので，地球は低エントロピーの太陽エネルギーを吸収し，高エントロピーのエネルギーを放出することによって，地球自体は秩序を保ちつつ（低エントロピー状態を維持），さまざまな地表での営みを行っているといえる．

太陽から地球に到達するエネルギー（図2.2.3）と地球から宇宙に散逸するエネルギーの収支（図2.2.4）を考えてみる．太陽表面から放射されるエネルギーは放射状に広がり，太陽から地球までの距離を半径とする球面に到達する．太陽の半径を R，太陽の表面積を S_{sun}（$= 4\pi R^2$），太陽から地球までの距離を D とし，太陽表面から放射されるエネルギーを E_{out}，地球までの距離を半径とする球面に到達するエネルギーを E_{arr}，それぞれの温度を T_{out}，T_{in} とすると，Stefan-Boltzmannの式から，E_{out} および E_{arr} は，

$$E_{out} = \sigma \cdot T_{out}{}^4 \cdot S_{sun} = \sigma \cdot T_{out}{}^4 \cdot (4\pi R^2)$$

$$E_{arr} = \sigma \cdot T_{in}{}^4 \cdot (4\pi D^2)$$

となる．ここで，σは定数である．放射されるエネルギーと到達するエネルギーは等しい（$E_{out} = E_{arr}$）から，太陽表面の温度 $T_{out} = 5770$ K，太陽の半径 $R = 6.96 \times 10^8$ m，太陽と地球の距離 $D = 1.5 \times 10^{11}$ m を代入すると，$T_{in} = 393$ K と求められる．次に，地球表面から宇宙の散逸するエネルギー E_{rad} は太陽から放射されるエネルギーの流線に垂直な地球

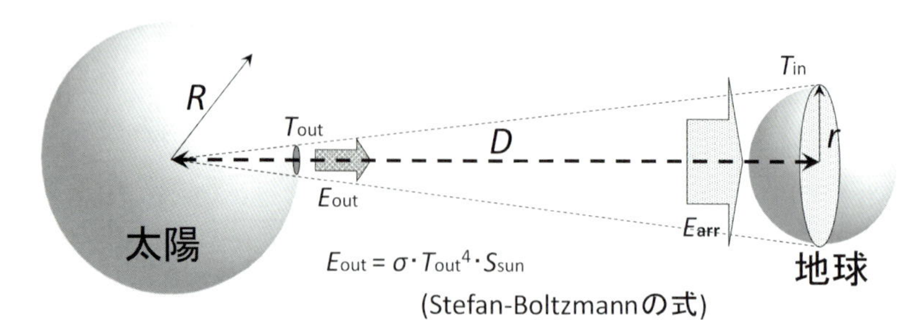

図2.2.3　地球の熱収支(1)　太陽光の入熱

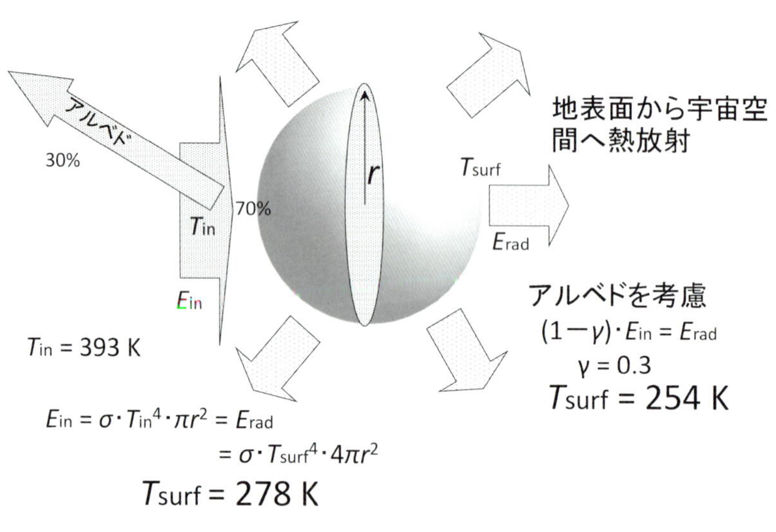

図2.2.4　地球の熱収支(2)　地表面での熱収支

の断面積に照射されるエネルギーE_{in}と等しい．E_{in}，E_{rad}はそれぞれ，

$$E_{in} = \sigma \cdot T_{in}^4 \cdot (\pi r^2)$$

$$E_{rad} = \sigma \cdot T_{surf}^4 \cdot (4\pi r^2)$$

となる．$E_{in} = E_{rad}$より，$T_{surf} = 278\,\mathrm{K}$と求められる．ここで，$E_{in}$は太陽定数と呼ばれ，1368 W/m^{2}である．地表面で受け取るエネルギーは球の場合，面積が断面積の4倍になるから，342 W/m^{2}になる．ただし，地球への照射エネルギーE_{in}のうち，地表付近に到達するエネルギーはアルベド（$\gamma = 0.3$）を考慮する必要があるから，

$$(1-\gamma) \cdot E_{in} = E_{rad}$$

とおいて，地球の表面温度を求めると，$T_{surf} = 254\,\mathrm{K}$と求められる．この温度は地球の温室効果を全く考慮しない場合の温度である．

地球の温室効果を1枚の天井板が地表から放射されるエネルギーを吸収し，そのエネルギーを地表面と宇宙に放射するモデル（図2.2.5）を用いて考える．太陽からの照射エネルギーと宇宙空間に散逸するエネルギーの収支は先に検討したとおりで，天井板表面は温度$T_{surf} = 254\,\mathrm{K}$である．地表面の温度を$T_G$とすると，単位面積当たり地表面が受け取るエネルギーと地表面からの放射エネルギーとの収支は，

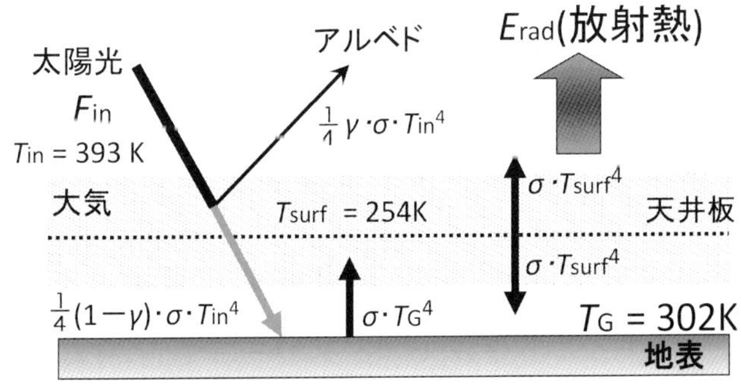

図2.2.5　地球の熱収支(3) 温室効果（一枚天井板モデル）

$$(1-\gamma)\cdot\frac{E_{\mathrm{in}}}{4\pi r^2}+\sigma\cdot T_{\mathrm{surf}}{}^4=(1-\gamma)\cdot\sigma\cdot\frac{T_{\mathrm{in}}{}^4}{4}+\sigma\cdot T_{\mathrm{surf}}{}^4=\sigma\cdot T_{\mathrm{G}}{}^4$$

天井板での熱収支は,

$$2\cdot\sigma\cdot T_{\mathrm{surf}}{}^4=\sigma\cdot T_{\mathrm{G}}{}^4$$

となる．すなわち，地表面の温度は $T_{\mathrm{G}}=2^{\frac{1}{4}}\cdot T_{\mathrm{surf}}$ で与えられる．$T_{\mathrm{surf}}=254\,\mathrm{K}$ を代入すると，$T_{\mathrm{G}}=302\,\mathrm{K}$ と求められ，地球表面の平均気温288 K に近い値を示す．大気の層が存在することで生物が生息できる温度環境を提供している温室効果の現象をよく表しているといえる．

では，なぜ大気は宇宙に散逸せずに地球にとどまっているのだろう．天体の重力加速度 g は，球対称な天体を考え，自転の影響を考えない場合,

$$g=\frac{G\cdot M}{R^2}$$

で与えられる．G は万有引力定数（重力定数，$6.67384\times10^{-11}\,\mathrm{m^3/(kg\cdot s^2)}$），$M$ は天体の質量，R は天体の半径である（地球の場合，$M=5.794\times10^{24}\,\mathrm{kg}$, $R=6378\,\mathrm{km}$）．無限遠を基準にしたとき，天体表面にある質量 m の物体の位置エネルギー E_{h} は,

$$E_{\mathrm{h}}=-\frac{G\cdot M\cdot m}{R}$$

で与えられる．

地球における第１宇宙速度（遠心力と重力とが釣り合う速度）v_1 は,

$$\frac{m\cdot v_1{}^2}{R}=m\cdot g_E$$

で与えられ，$v_1=7.9\,\mathrm{km/s}$ である．g_E は地球の重力加速度（$9.80665\,\mathrm{m/s^2}$）

である．第２宇宙速度（地表での位置エネルギーと運動エネルギーが釣り合う速度）v_2は，

$$\frac{1}{2}m \cdot v_2{}^2 + \left(-\frac{G \cdot M \cdot m}{R}\right) = 0$$

で与えられる．実際には，地球の重力加速度 g_E を用いて，

$$\frac{1}{2}m \cdot v_2{}^2 + (-m \cdot g_E \cdot R) = 0$$

を計算すると，$v_2 = 11.2\,\mathrm{km/s}$ になる．

また，温度 T における気体分子の並進エネルギー E は，

$$E = \frac{3}{2} \cdot k \cdot T$$

で与えられる．k はボルツマン定数（$1.381 \times 10^{-23}\,\mathrm{J/K}$）である．気体分子の速度を v とすると，分子の並進運動エネルギー E_m は，

$$E_\mathrm{m} = \frac{1}{2}m \cdot v^2 = \frac{3}{2} \cdot k \cdot T$$

で与えられる．$T = 288\,\mathrm{K}$ とすると，水分子（分子量18）の速度は634 m/s，空気（分子量29）の速度は501 m/s になる．これらの値はそれぞれの分子の平均の速度である．気体中には非常に多くの分子が存在し，それらの分子は絶えず運動をしている．お互いに何度となく衝突し，速度が変化する．その結果，分子間に速度の分布が生じる．分子の速度が第１宇宙速度あるいは第２宇宙速度を超えると分子は宇宙に飛散してしまう．

いま，N 個の気体分子が運動しているとき，分子の速度が $v \sim v + \mathrm{d}v$ の範囲にある分子の割合，

$$\frac{dN(v)}{N}$$

は，マックスウェル分布により，以下の式で与えられる．ここで，$dN(v)$ は速度が $v \sim v+dv$ の範囲にある分子の数である．

$$\frac{dN(v)}{N} = 4\pi \cdot \left(\frac{m}{2\pi kT}\right)^{\frac{3}{2}} \cdot e^{-\frac{mv^2}{2kT}} \cdot v^2 \cdot dv$$

速度が v_0 以上をもつ分子の割合は，上式を v_0 から∞まで積分して求められる．

$$\int_{v_0}^{\infty} \frac{dN(v)}{N} = 4\pi \cdot \left(\frac{m}{2\pi kT}\right)^{\frac{3}{2}} \cdot \int_{v_0}^{\infty} e^{-\frac{mv^2}{2kT}} \cdot v^2 \cdot dv$$

$$= \sqrt{\frac{2}{\pi mkT}} \cdot \frac{mv_0{}^2 - kT}{v_0} \cdot e^{-\frac{mv_0{}^2}{2kT}}$$

水分子の場合，第1宇宙速度を超える速度を獲得する割合は，地表面の温度を $T = 288$ K とすると，2.26×10^{-101} と求められる．この割合は1秒当たりの値である．地球が誕生してから46億年経過しているから，1.45×10^{17} 秒をかけると，3.28×10^{-84} となり，1より十分に小さい．したがって，46億年たっても水は宇宙に散逸せず，地球に存在している．

気体分子は運動エネルギーと位置エネルギーが釣り合う高さまで上昇するから，

$$\frac{1}{2} m \cdot v^2 = m \cdot g_E \cdot h$$

とおくと，水の場合，$h = 20.5$ km，空気の場合，$h = 12.6$ km と求まる．この値は地球の大気（対流圏）の厚さ（約13 km）とほぼ等しい．

(2) 地球温暖化

地表面付近の温度は，太陽からの放射エネルギーと地球からの熱の放散が釣り合って，ほぼ一定に保たれている．いま，その温度が徐々に上昇している（図2.2.6）．人間の活動によって排出された二酸化炭素，メタン，フロン類，一酸化二窒素などの濃度が高くなり（表2.2.2，図

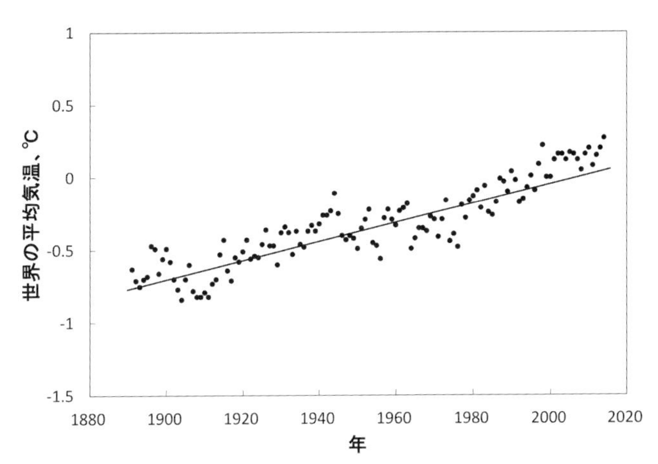

図2.2.6　世界の平均気温の経年変化（1891～2014年）

気象庁HP「世界の平均気温」をもとに作成．

表2.2.2　代表的な温室効果ガス

	二酸化炭素 CO_2	メタン CH_4	一酸化二窒素 N_2O	六フッ化硫黄 SF_6	四フッ化炭素 (PFC-14) CF_4	ハイドロフルオロカーボン (HFC-23) CHF_3
地球温暖化係数	1	28	265	23500	6630	12400
工業化以前の濃度	278±2 ppm	722±25 ppb	270±7 ppb	存在せず	34.7±0.2 ppt	存在せず
2011年の濃度	391±0.2 ppm	1803±2 ppb	324±0.1 ppb	7.28±0.03 ppt	79.0±0.1 ppt	24.0±0.3 ppt
濃度の変化率	2 ppm/年	4.8 ppb/年	0.8 ppb/年	0.3 ppt/年	0.7 ppt/年	0.9 ppt/年
大気中の寿命	－	12.4年	121年	3200年	5万年	222年

出典：気象庁HP「地球温暖化の基礎知識」をもとに作成

2.2.7)，地球の温室効果が増しているのが原因の一つである．これらのガスは温室効果ガスと呼ばれている．

気候変動に関する政府間パネル（IPCC）の第５次評価報告書（2014年）は，気候システムに地球温暖化が起こっていると断定するとともに，20世紀半ば以降に観測された世界平均気温の上昇のほとんどは，人間活動による温室効果ガスの増加によってもたらされた可能性が極めて高いとしている．1880〜2012年の間に世界の平均気温が0.85（0.65〜1.06）℃上昇し，1950年以降の平均気温の上昇は，それ以前の２倍の速さで進んでいる．産業革命以降，排出され続けた二酸化炭素の30％を吸収した海の酸性度（pH）は0.1降下した．海は温室効果で蓄積された熱の90％を吸収し，表層の海水温が上昇して，海氷が溶け，海水面が19 cm（1901〜2010年の間）上昇している．対策を取らないまま二酸化炭素を排出し続けると，産業革命前と比べて2100年の気温は最大4.8℃，海水面は最大82 cm 上昇すると予想されている．気温の上昇により，世界のほぼ全域で極端な高温が増え，中緯度の大陸と熱帯で極端

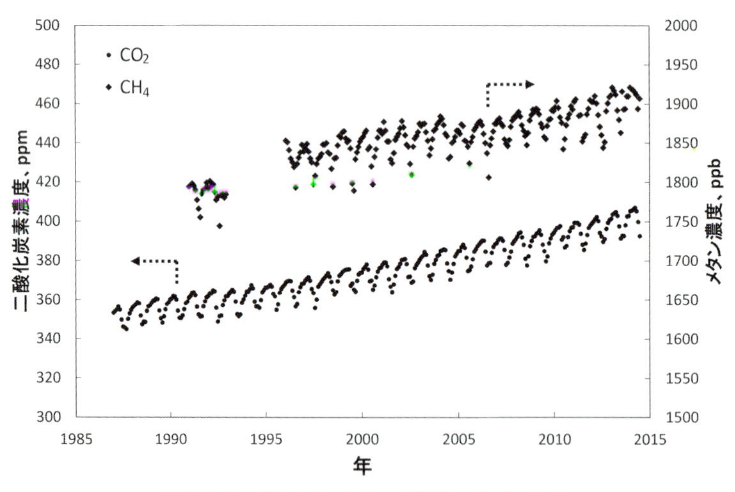

図2.2.7　温室効果ガス濃度の経年変化

出典：気象庁HP「温室効果ガスに関する基礎知識」をもとに作成

な雨が頻繁に降る可能性が高くなる．このような変化は，農業や漁業の混乱を引き起こし，経済活動に深刻な影響を与える恐れがある．また，ほとんどの乾燥亜熱帯地域で，再生可能な地表水，地下水資源が著しく減少し，大部分の生物種で絶滅リスクが増大すると警告している（図2.2.8）．気温上昇を産業革命前に比べて2℃未満に抑制するための二酸化炭素濃度は2100年に450 ppm（換算濃度）以下（図2.2.9）とされ，そのためには，温室効果ガスの排出量を2010年に比べて2050年に世界全体で40～70 %，2100年にはゼロまたはマイナスに削減する必要があると試算されている．

地表面に届き，吸収された太陽のエネルギーが長波長の赤外線領域の熱として放散される際，大気中の温室効果ガスに吸収され，再放散さ

	温度上昇 0　1　2　3　4　5
水	湿潤熱帯地域と高緯度地域で水利用可能性の増加 - - - →
	中緯度地域と半乾燥低緯度地域で水利用可能性の減少及び干ばつの増加 - - - →
	数億人が水不足の深刻化に直面する - - - →
生態系	最大30%の種で絶滅リスクの増加 ―― 地球規模での重大な絶滅 - - - →
	サンゴの白化の増加 ― ほとんどのサンゴが白化 ―― 広範囲に及ぶサンゴの死滅 - - - →
	～15% ―― ～40%の生態系が影響を受けることで陸域生物圏の正味炭素放出源化が進行 - - - →
	種の分布範囲の変化と森林火災リスクの増加 ― 海洋の深層循環が弱まることによる生態系の変化 →
食糧	小規模農家，自給的農業者・漁業者への複合的で局所的なマイナス影響 - - - →
	低緯度地域における穀物生産性の低下 ―― 低緯度地域におけるすべての穀物生産性の低下 - - - →
	中高緯度地域におけるいくつかの穀物生産性の向上 ― いくつかの地域で穀物生産性の低下 - - - →
沿岸域	洪水と暴風雨による損害の増加 - - - →
	世界の沿岸湿地の約30%が消失 - - - →
	毎年の洪水被害人口が追加的に数百万人増加 - - - →
健康	栄養失調，下痢，呼吸器疾患，感染症による社会的負荷の増加 - - - →
	熱波、洪水、干ばつによる罹病率と死亡率の増加 - - - →
	いくつかの感染症媒介生物の分布変化 - - - →
	医療サービスへの重大な負荷 - - - →

図2.2.8　平均気温の上昇による主な影響

（実線は影響間のつながり，点線は気温上昇に伴い継続する影響を示す）

出典：文部科学省・経済産業省・気象庁・環境省仮訳「IPCC第4次評価報告書 統合報告書　政策決定者向け要約（仮訳）」（2007年11月30日付）

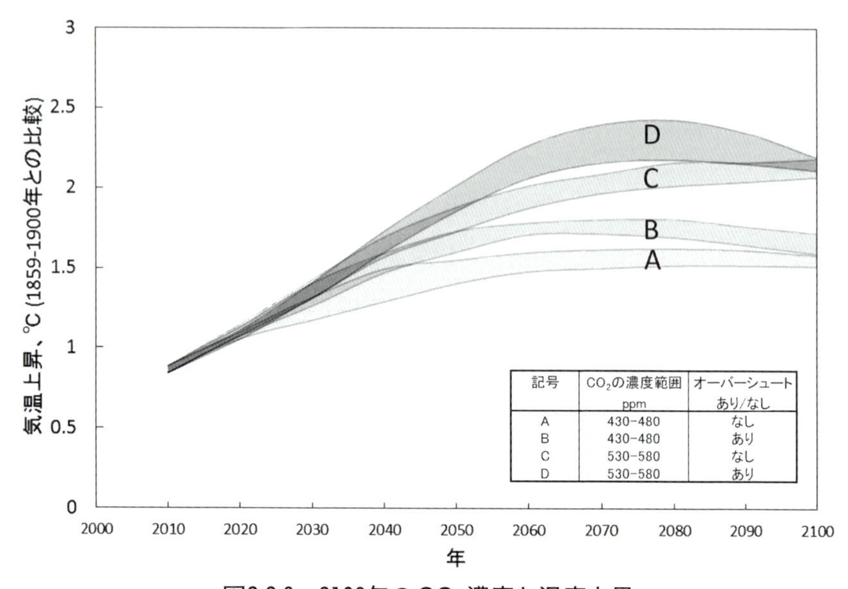

図2.2.9　2100年のCO₂濃度と温度上昇

IPCC第５次報告書（WG3，2014）をもとに作成．

れる．再放散された熱は大部分（約88%）が再び地球に戻ってくるが，最終的には宇宙に放散される（図2.2.2）．温室効果ガスの濃度が高くなると，大気中の温室効果ガスに吸収され，放射された熱は再び，温室効果ガスに吸収され，大気中に熱がとどまることになる．

地球温暖化を複数枚の天井板モデルを用いて考えてみる（図2.2.10）．大気中に温室効果ガスに見立てた複数枚の天井板を考え，それぞれが，上と下にある天井板から放射される熱を吸収し，その熱を再び上下に向かって放射する．このときの天井板の単位面積当たりの熱収支を取ってみる．

１枚目の天井板の熱収支　$2 \cdot \sigma \cdot T_1{}^4 = \sigma \cdot T_2{}^4$

２枚目の天井板の熱収支　$2 \cdot \sigma \cdot T_2{}^4 = \sigma \cdot T_1{}^4 + \sigma \cdot T_3{}^4$

上の２式から，$T_3{}^4 = 3 \cdot T_1{}^4$となる．$i$ 枚目の天井板の熱収支を取ると，

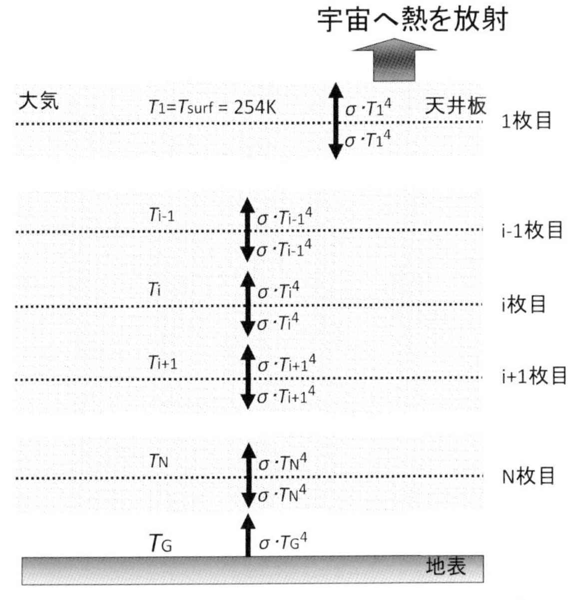

図2.2.10　地球温暖化（複数枚天井板モデル）

i 枚目の天井板の熱収支　$\sigma \cdot T_i{}^4 = \sigma \cdot T_{i-1}{}^4 + \sigma \cdot T_{i+1}{}^4$

となり，$i+1$ 枚目の天井板の温度を，順次求めていくと，$T_{i+1}{}^4 = (i+1) \cdot T_1{}^4$ となる．

地表と N 枚目の天井板との熱収支は，

N 枚目の天井板の熱収支　$2 \cdot \sigma \cdot T_N{}^4 = \sigma \cdot T_{N-1}{}^4 + \sigma \cdot T_G{}^4$

となり，$T_G{}^4 = (N+1) \cdot T_1{}^4$ と求められる．つまり，$T_G = (N+1)^{\frac{1}{4}} \cdot T_1$ であり，$T_1 = T_{surf} = 254\,\mathrm{K}$ を代入すると，

$N = 1$ のとき，$T_G = 302\,\mathrm{K}$

$N = 2$ のとき，$T_G = 334\,\mathrm{K}$

$N = 3$のとき，$T_G = 359\,\mathrm{K}$

となり，天井板の枚数が多くなると，地表の温度が上昇する．

各種の温室効果ガスの地球温暖化への寄与の大きさを，二酸化炭素を1.0として相対的に表した係数を，その気体の地球温暖化係数といい，メタン28，一酸化二窒素265，四フッ化炭素6630である（表2.2.2）．これらのガスの濃度は，この100年で急激に増加している．それぞれのガスの濃度と地球温暖化係数を考慮した温室効果への寄与は，二酸化炭素が最も大きい．

地球温暖化の国際交渉は，大気中の温室効果ガスの濃度を安定化させることを目標に，「気候変動に関する国際連合枠組条約」（1992年）を採択，世界全体で取り組んでいくことに合意し，第１回の気候変動枠組条約締約国会議（COP1，1995年）がベルリンで開催された．1997年に京都で開催されたCOP3では，先進国の拘束力のある削減目標（2008～2012年の５年間で1990年比，日本６％，米国７％，EU８％等）を規定した「京都議定書」に合意し，世界全体での温室効果ガス排出削減の第一歩を踏み出した．京都議定書の約束期間以降の排出削減について，COP16（カンクン〈メキシコ〉，2010年）で，すべての締約国が参加し，先進国，途上国両方が削減目標と行動の義務を負う枠組みにすることを合意した．2020年以降の削減の目標は各国が自主的に決めて，草案を提出し，その内容を会議で合意するという，従来とは異なった方法で進められている．しかし，各国が自主的に決め，提出した削減目標だけで温暖化の影響が深刻化するのを食い止められるか，また，不十分な場合，どのように修正するのかが大きな争点として残っている．

2.3 地球環境の構成と物質循環

地球の環境は，大気圏，水圏，地圏と生物圏から構成され，お互いが深くかかわりあっている（図2.3.1，表2.3.1）．生物圏は，大気圏，水圏，地圏の中に，それぞれ存在する．生物圏の中に人間の活動圏があり，生物圏から様々な形で自然の恵みを享受している．

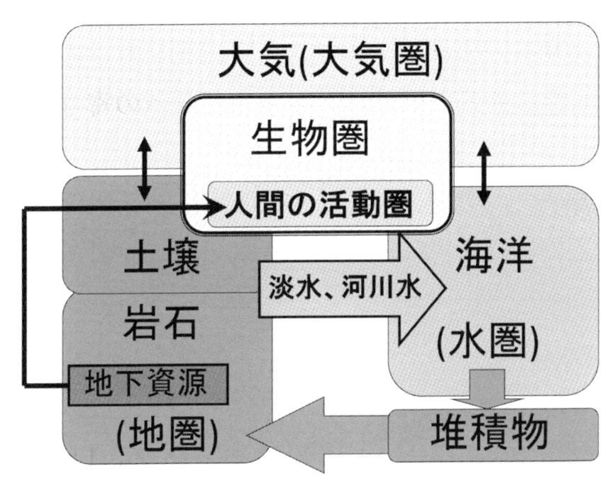

図2.3.1　地球環境の構成と相互作用

表2.3.1　地球環境の構成

	物理的特徴	化学的特徴
大気圏	気体	N_2，O_2，Ar，H_2O，CO_2
水圏	液体（一部固体）	H_2O（海水，淡水，雪，氷）
地圏	地殻（固体，液体〈少量，マグマ〉）	珪酸塩鉱物からなる岩石が大部分
	マントル（固体，液体〈少量，マグマ〉）	珪酸塩鉱物（カンラン石，輝石などの高圧型鉱物）
	核（上部）（液体）	Fe-Ni 合金
	核（下部）（固体）	Fe-Ni 合金
生物圏	液体と固体，しばしばコロイド状	H_2O，有機物，生物の骨格となる物質

(1) 大気圏の物質循環

大気圏は地表面から，対流圏，成層圏，中間圏，熱圏の４圏に分類される（図2.3.2）．大気全体の約80％が対流圏に存在し，成層圏までを含めると約99％になる．大気の組成は，窒素が最も多く，全体の78％を占める（表2.3.2）．次に多いのが酸素とアルゴンで，それぞれ21％，0.93％であり，大気中の水蒸気，二酸化炭素，オゾンは人間の活動で大きく変化する．窒素，酸素，アルゴン，二酸化炭素，水蒸気以外の大気中に存在する気体は非常に低濃度であり，微量成分と呼ばれている．

対流圏は地表から８～16 km の高さの範囲であり，約６℃/km で温度が低下する．地表近くの大気は地表の熱で温められて上昇気流を起こし，上空で冷えて再び地表に降りてくる．偏西風や貿易風による大気循

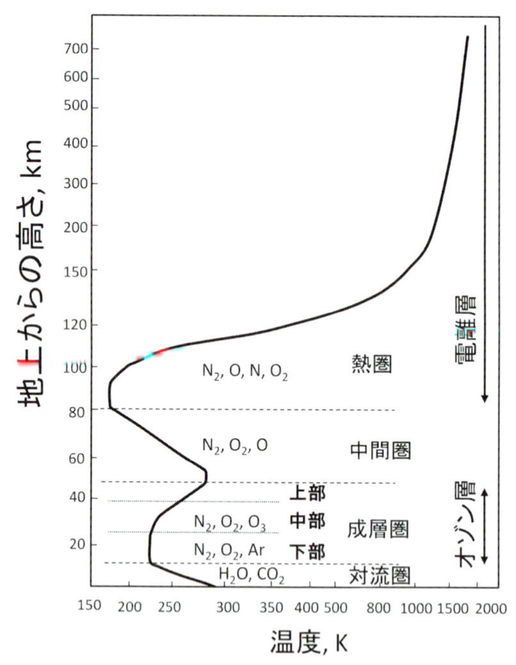

図2.3.2　大気圏の層構造

安田延壽『基礎大気科学』（朝倉書店，1994年）をもとに作成．

環は気候に影響を与えている．海の水は蒸発して水蒸気となり，上空で冷えて陸地に雨をもたらし，川を下って再び海に戻る．

成層圏は地表から16～50 kmの範囲で，オゾン層と温度分布に特徴がある．対流圏界面，中部，中間圏界面の3層から構成されており，中部の大気の成分はN_2，O_2，O_3である．オゾン層が太陽からの紫外線を吸収するため温度が上昇する．温度上昇が極大（270 K）に達する地表から約50 kmの高さまでの範囲が成層圏である．

中間圏は地表から50～80 kmの範囲で，CO_2が赤外放射により熱を放散するため温度が270 Kから180 Kに低下する．大気中の成分はN_2，O_2，Oであり，O_2が紫外線を吸収する．

地表から80 km以上は熱圏と呼ばれている．太陽からのエネルギーで

表2.3.2　地表付近の平均大気組成

成分	濃度（ppbv）	平均滞留時間（年）
N_2	780.84×10^6	2×10^7
O_2	209.46×10^6	2.2×10^3
Ar	9.34×10^6	—
H_2O	4.83×10^6	0.03
CO_2	0.39×10^6	4
Ne	18.18×10^3	—
He	5.24×10^3	—
CH_4	1.80×10^3	12
Kr	1.14×10^3	—
H_2	560	2
N_2O	320	114
CO	90	0.3
Xe	87	—
O_3	25	0.1～0.3
NH_3	1	0.01
NO, NO_2	0.05	10^{-3}
SO_2	0.1	10^{-3}
H_2S	0.05	10^{-3}

H_2O以外は乾燥大気中の地表付近の濃度
H_2Oは湿潤大気中の対流圏内平均濃度

多賀光彦，那須淑子『地球の化学と環境』（三共出版，1994年）をもとに作成．

温度が上昇する．大気の成分は，N_2，O_2，N，O であり，太陽からの強い紫外線やX線によって電離しており，オーロラが観測される．電離層と呼ばれている．

地球は太陽から放射されるエネルギー（紫外線）を吸収し，低温の熱を宇宙に放散している．球体である地球が受ける太陽からの放射エネルギー量は，太陽との角度の違いにより，赤道付近と極地方で大きく異なる．赤道付近から熱帯（緯度 0 ～30°）にかけては，太陽からの放射によって吸収されるエネルギー量が宇宙に放散される熱量よりも大きくなる．緯度が高くなるにつれて，放散される熱量が吸収されるエネルギー量を上回るようになるため，赤道付近で暖かく，極地方で寒くなる，温度差が生じる．その結果，赤道付近で温められた大気が極地方に向かって移動しようとして，地球に大気の大規模な循環が生じる．これに自転の慣性力（コリオリの力）と気体の粘性などの影響が加わり，地球の大気は南北方向と東西方向の循環流が生じる（図2.3.3）．

赤道付近には大気の上昇による赤道低圧帯，北緯および南緯30° 付近には大気降下による中緯度高圧帯（亜熱帯高圧帯），60° 付近には大気

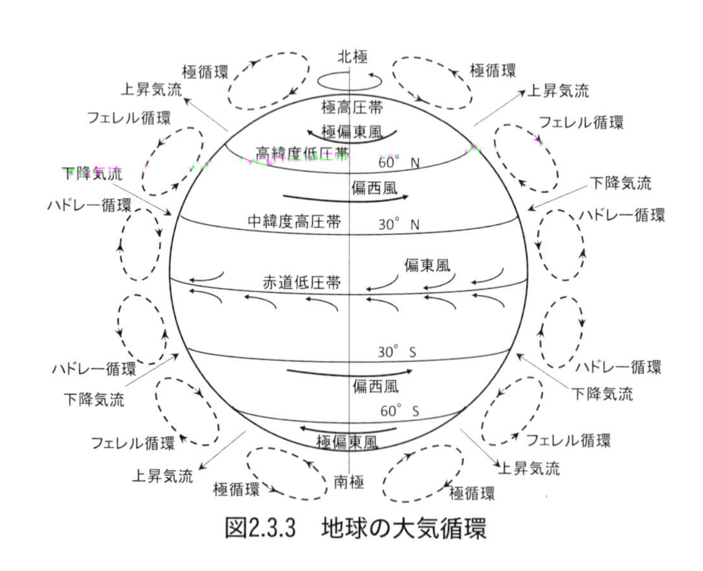

図2.3.3　地球の大気循環

上昇による高緯度低圧帯（亜寒帯低圧帯），極地方には冷たい大気の吹き出す極高圧帯が形成される．南北方向に向かう循環は，ハドレー循環，フェレル循環，極循環の３つである．ハドレー循環は，赤道から上昇した気塊が北緯および南緯それぞれ30°付近（無風帯）で冷却されて降下し，中緯度高圧帯となり，そこから偏東風（北東貿易風，南東貿易風）として赤道に戻る空気の流れである．フェレル循環はハドレー循環で降下した空気が極地方に向かい，高緯度低圧帯付近で再び上昇して，中緯度高圧帯に向かう空気の流れである．貿易風とは正反対の西向きの風（偏西風）が発生する．一方，60°付近の高緯度低圧帯で空気が上昇した下層部は気圧が下がるため，極地から高緯度低圧帯に向かって冷たい空気が流れ込み，コリオリの力を受けて東寄りの風（極偏東風）が発生する．上昇した温かい空気は極地方に向かい，極地で冷やされて降下する極循環が形成される．

貿易風，偏西風，北極および南極から吹く極偏東風は地球上の気象変化に大きな影響をもたらしている．なかでも，偏西風は日本の気象変化に大きな影響をもたらす．

また，地球温暖化によって各地方に起こる気象の変化には，これらの大気の循環も関わっている．赤道付近の大気は温暖化によって温められた海水から大量の湿気を含んで上昇し，熱帯に大雨を降らせる．一方，極地方に向かった乾燥した気塊は中緯度高圧帯に熱波となって押し寄せ，乾燥化を促進する．さらに，極地方に向かった大気は途中で湿気を含み，中緯度の大陸に極端な豪雨をもたらす．

⑵ 水の循環

地球上の水の97％は海水であり，陸水（淡水）はわずか３％である(図2.3.4)．しかし，陸水の大部分は氷河や地下水であり，人間が利用できる河川水や湖沼水はわずか0.01％にすぎない．淡水の起源は降水であり，その84％は海水が蒸発した水である．海から蒸発した水蒸気が

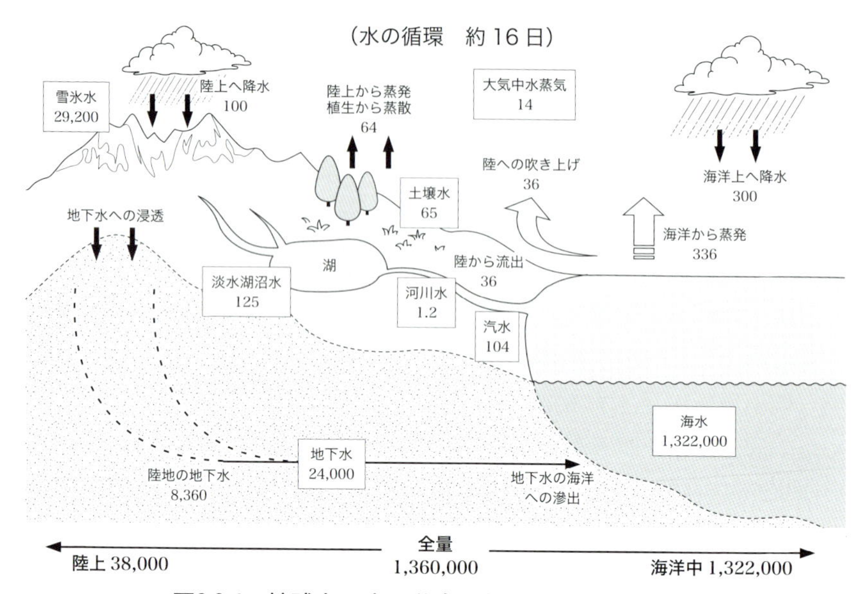

図2.3.4　地球上の水の分布と循環（単位：１兆t）

安原昭夫『新版　地球の環境と化学物質』（三共出版，2013年）一部改編．

降水となって河川を流れ海に戻る水の循環に要する日数は平均で約16日である．一方，海の水の滞留時間は約3900年である．

⑶ 地殻と土壌の働き

地圏は地殻，マントル，核の３層から構成されている（表2.3.1）．地殻およびマントルは珪酸塩鉱物からなる岩石で，核は鉄を主成分とする上部が液体，中心部が固体である．地球全体でみると，核の主成分の一つである鉄の存在量が最も多い（32％）．次いで，酸素（30％），ケイ素（15％），マグネシウム（14％）の順である．

地殻は，質量は地球全体の質量の１％以下であるが，大気圏，水圏を含めて地球表面で起こる物理的，化学的現象に重要な役割を果たしている．地殻の構成成分は酸素（46％），ケイ素（28％），アルミニウム（８％），鉄（６％）である（表2.3.3）．

表2.3.3　地殻の構成元素と組成

順位	元素	元素記号	原子番号	単位	組成
1	酸素	O	8	wt%	46.4
2	ケイ素	Si	14	wt%	28.15
3	アルミニウム	Al	13	wt%	8.23
4	鉄	Fe	26	wt%	5.63
5	カルシウム	Ca	20	wt%	4.15
6	ナトリウム	Na	11	wt%	2.36
7	マグネシウム	Mg	12	wt%	2.33
8	カリウム	K	19	wt%	2.09
9	チタン	Ti	22	wt%	0.576
10	リン	P	15	wt%	0.105
11	マンガン	Mn	25	ppm	950
12	フッ素	F	9	ppm	625
13	バリウム	Ba	56	ppm	425
14	ストロンチウム	Sr	38	ppm	375
15	硫黄	S	16	ppm	260
16	炭素	C	6	ppm	200
17	ジルコニウム	Zr	40	ppm	165
18	バナジウム	V	23	ppm	135
19	塩素	Cl	17	ppm	130
20	クロム	Cr	24	ppm	100

出典：Taylor, S. R., Abundance of chemical elements in the continental crust: A new table, Geochimica et Cosmochimica Acta, 28(1964), 1273–1285. をもとに作成

地殻は大陸地域では深さ20～60 km，海洋地域では深さ５～８km である．しかし，地球環境を扱う上で関連が深いのは最表層，深さ１～1.5 m の土壌である．土壌は固相，液相（水分），気相の三相からなり(図2.3.5)，多くの土壌では固相が50%，残りを占める液相と気相の割合は降雨量や乾燥状態によって変化する．固相は様々な鉱物からなる無機物と腐植物などの有機物からなる（表2.3.4）．鉱物は，透水性や通気性を確保する石英や長石などの１次鉱物，水分や栄養成分を蓄える働きを持つ粘土質の２次鉱物から構成される．土壌には無数のバクテリアが生息し，不要になった有機物を分解して植物の肥料（腐植質）に変換

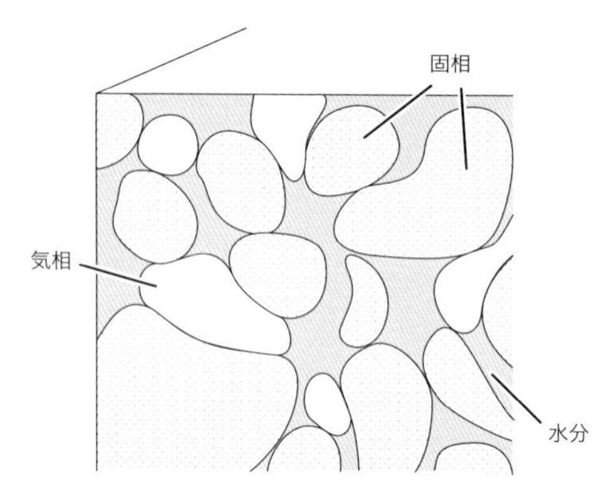

図2.3.5　土壌の三相

中野政詩『土の物質移動学』（東京大学出版，1989年）をもとに作成.

表2.3.4　土壌の構成と働き

<table>
<tr><th colspan="2">土壌三相</th><th>構成物質</th><th>作用</th></tr>
<tr><td rowspan="8">固相
(50%)</td><td>1次鉱物</td><td>石英
長石
雲母
その他（微量要素を含む）</td><td>粗砂，細砂，微砂を構成
母石や母材のままで透水性，通気性をよくする</td></tr>
<tr><td>2次鉱物</td><td>モンモリロナイト
ハロイサイト
イライト</td><td>栄養成分を蓄える働き
粘土質で団粒化に役立ち，保肥性，保水性を保つ</td></tr>
<tr><td>腐植</td><td>耐久腐植
コロイド</td><td></td></tr>
<tr><td>酸化物</td><td>鉄・アルミナ</td><td></td></tr>
<tr><td>有機物</td><td>動物
(ミミズ・センチュウなど)
植物（落葉・根）</td><td>腐植の元になる
微生物が増殖して土壌が活性化する</td></tr>
<tr><td>微生物</td><td>菌類</td><td>有機物を分解し，養分を作る
根毛の働きをよくする</td></tr>
<tr><td>その他</td><td></td><td></td></tr>
<tr><td>養分</td><td>窒素
リン
カリウム
その他
(カルシウム，マグネシウム)</td><td>植物の生育に必要な栄養素</td></tr>
<tr><td>水分
(25%)</td><td>液体，
水蒸気</td><td>水</td><td>養分の吸収に役立つ</td></tr>
<tr><td>気相
(25%)</td><td colspan="2">土壌空気，水分に溶解している酸素</td><td>好気性菌の活動に役立つ
根毛が発達して根の分布を支配する</td></tr>
</table>

『土壌と土壌改良剤，植物の栄養と肥料』（日本林業肥料株式会社，2010年）一部改編.

し，再び食料や植物，樹木を生産する循環の場を提供している．

陸地全体の生産能力は約1300億t/年である．これは，地表が地域に適した植物群でおおわれていると仮定したときの潜在的な生産能力である．海洋の生産能力は約500億t/年と推定され，合計1800億t/年が地球の生物扶養能力の上限である．実際は，高緯度では低温と日射量不足，亜熱帯の乾燥地では水不足や高温のため生産力が抑制されており，現在の陸地の生産能力（扶養能力）は860億t/年と推定されている．

一方，土壌の乾燥化が進んでいる．陸地面積の４分の１が砂漠化の影響を受けており，毎年，６万km^2が砂漠化している．気候的要因もあるが，過放牧，樹木の過伐採，過開墾，不適切な水管理，塩類の堆積などの人為的要因もある（図1.1.1）．

2.4 生物の役割と生物多様性

(1) 生物を介した物質循環とその役割

生物圏は生産群集（生物的部分）と非生物的環境とに大きく分けられる（図2.4.1）．生産群集は生産者，消費者，分解者から構成され，人間も含めて動物は消費者である．消費者はさらに，植食動物である第１次消費者，肉食動物の第２次消費者および大型肉食動物の第３次消費者に分けられ，食物連鎖の関係の中で個体数ピラミッド（図2.4.2）を構成している．

生産群集と非生物的環境は生物圏の物質とエネルギーの流れと循環の中でお互いに深い関わりを持っている（図2.4.3）．生産者は大気中から二酸化炭素を，土壌や水中から，水，窒素，リン，カリウムなどの栄養素を取り込み，太陽のエネルギーを使って光合成を行い，有機物と酸素を生成し，成長する．地球の物質生産の源である．その中で，微生物は物質の生産と分解を通して重要な役割を果たしている．生産者として植物が必要とする窒素を固定し，硝酸を合成するものや，植物と同様に光

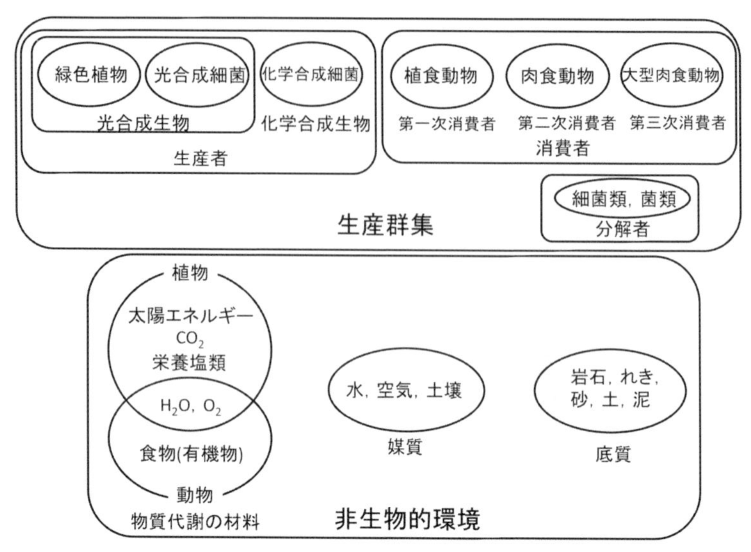

図2.4.1　生態系の構造

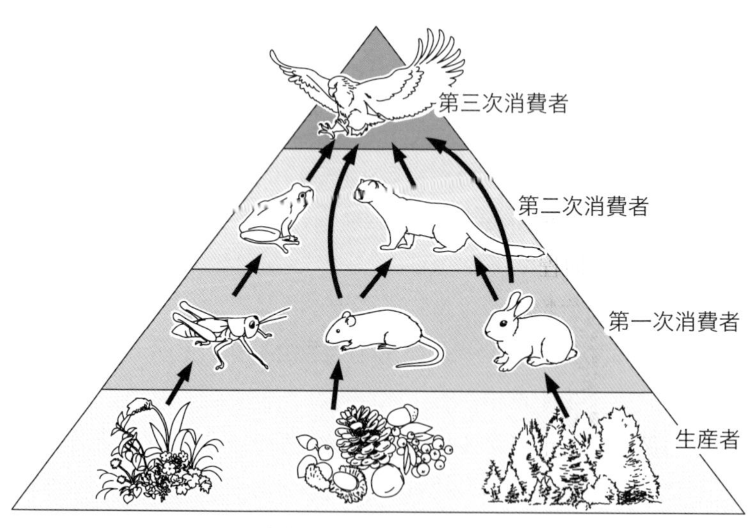

図2.4.2　食物連鎖と個体数のピラミッド

住友恒，村上仁士，伊藤禎彦・他『環境工学』（理工図書，1998年）を一部改訂.

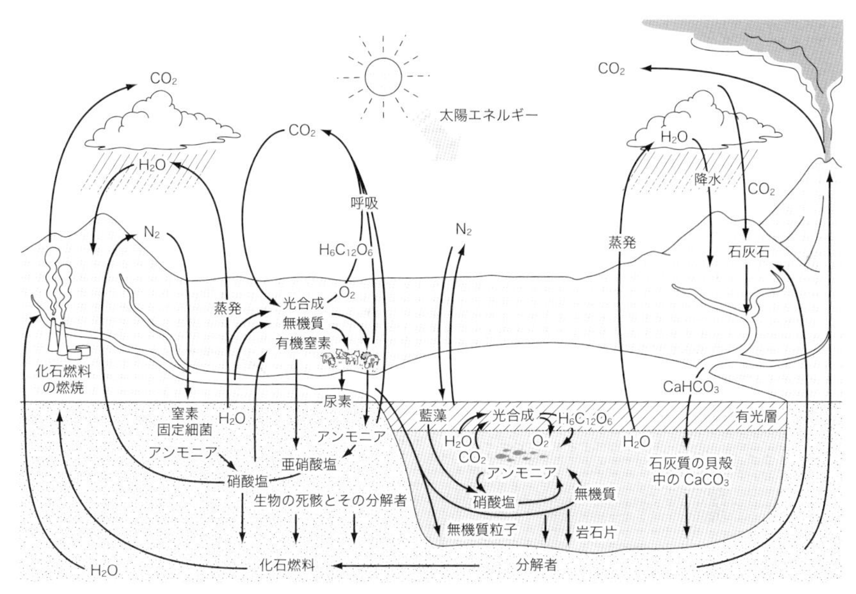

図2.4.3　生態系におけるおもな物質循環

住友恒，村上仁士，伊藤禎彦・他『環境工学』（理工図書，1998年）をもとに作成．

合成を行うものがあり，食物連鎖と生物の個体数ピラミッドを支える基本的な生物群である．また，細菌類は油や生物とその死骸，排せつ物を分解し，生産者が利用しやすい物質に変換する分解者でもある．

地球上には500万〜3000万種の生物が存在するといわれているが，既知の生物は175万種程であり，その大部分は動物（その半分は昆虫）と高等植物である．生物は，6界説によれば，細菌界，古細菌界，原生生物界，植物界，菌界，動物界に分類される．

生物圏において生産群集が非生物的環境を介して行っている物質とエネルギーの循環は，地球における各物質の流れと循環の中で重要な役割を果たしている．地球における主な物質循環には，水（図2.3.4），炭素（図2.4.4），窒素（図2.4.5），硫黄（図2.4.6），リン（図2.4.7）がある．

炭素は，海洋に38×10^4億t（表層1×10^4億t，深層37×10^4億t），陸地

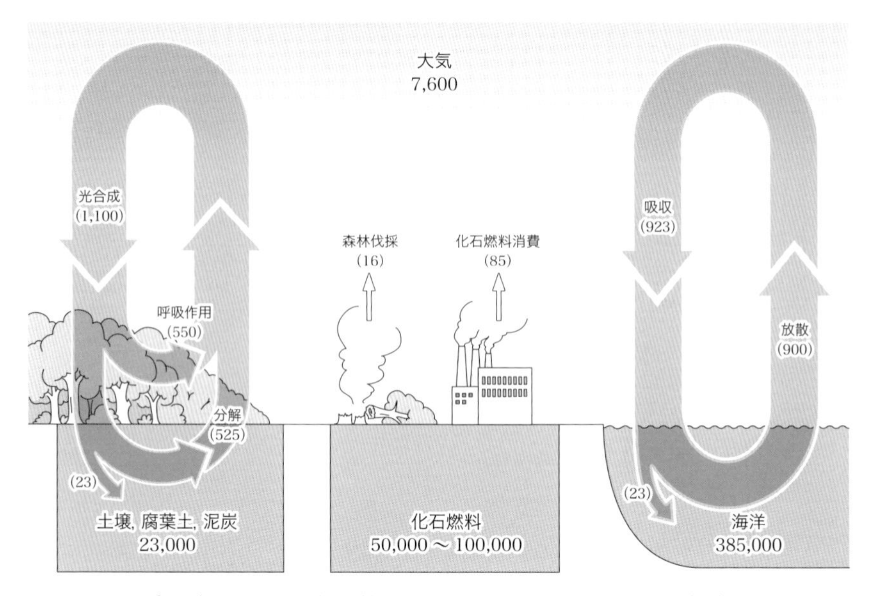

（リザーバーの単位は億t-C，フラックスの単位は億t-C/年）

図2.4.4　年間の二酸化炭素の排出量と吸収量の炭素換算量

世良力『環境科学要論』（東京化学同人，2011年）をもとに作成.

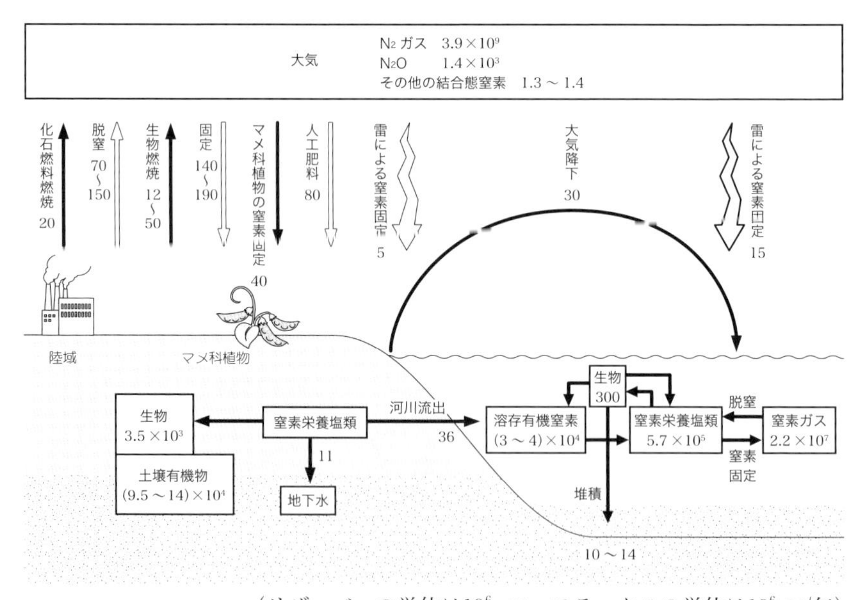

（リザーバーの単位は10^6t-N，フラックスの単位は10^6t-N/年）

図2.4.5　地球の窒素の循環と貯蔵量

安原昭夫，小田淳子『地球の環境と化学物質』（三共出版，2007年）をもとに作成.

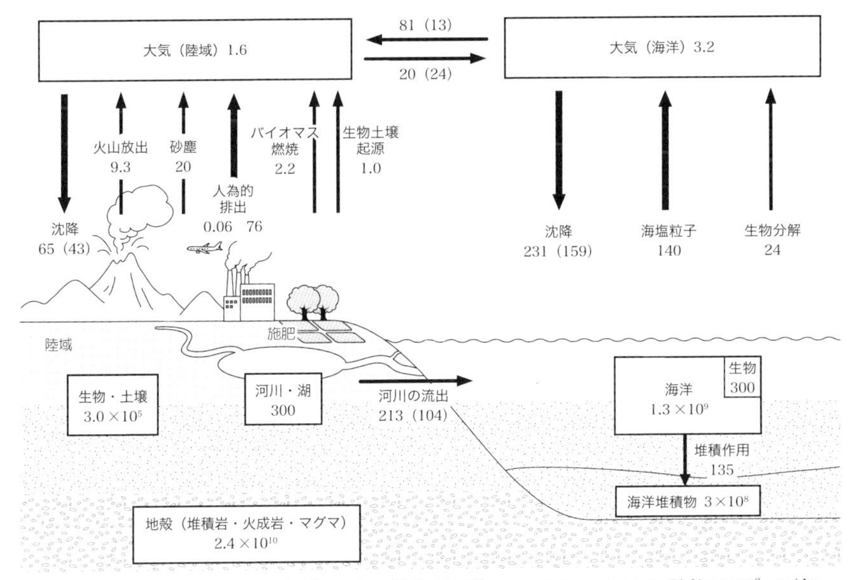

リザーバー単位は10^6 t-S，フラックスの単位は10^6 t-S/年.
（ ）内の数字は産業革命以前のフラックスを示す.

図2.4.6　硫黄の循環と貯蔵量（1980年代）

安原昭夫，小田淳子『地球の環境と化学物質』（三共出版，2007年）をもとに作成.

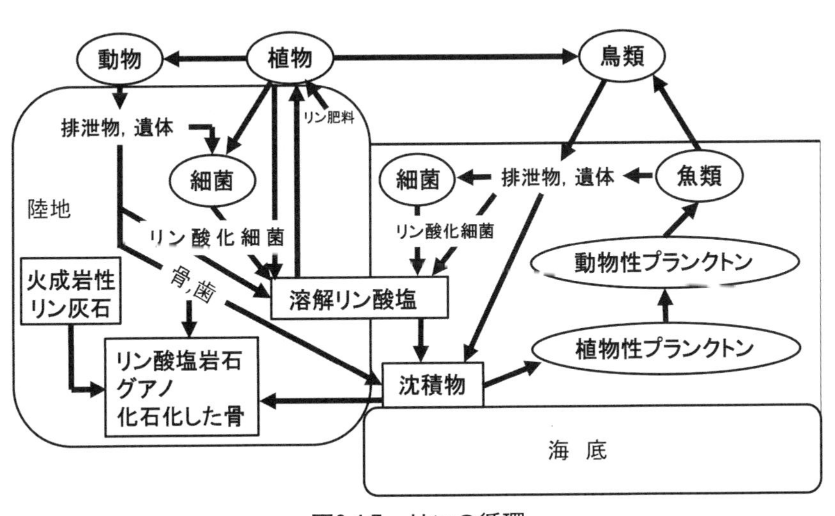

図2.4.7　リンの循環

に2.3×10^4億t（土壌1.8×10^4億t，植物0.5×10^4億t），大気に0.76×10^4億t存在する．光合成による純一次生産と生物の呼吸がほぼ同量の1100億t/年，大気と海洋とのガス交換が900億t/年である．化石燃料の燃焼による排出は85億t/年（2011年），そのうち年に54億tが大気に蓄積する．

窒素は，大気にN_2として3.9×10^7億t存在し，貯蔵庫の役割を果たしている．海洋には，溶存窒素2.2×10^5億t，窒素栄養塩類5.7×10^3億t，陸地には，生物35億t，土壌有機物1×10^3億t存在する．窒素の放出は，生物による脱窒1.5億t/年，生物の燃焼0.5億t/年，人為的起源によるもの0.2億t/年，窒素の固定は，生物による固定２億t/年，肥料生産など人為的な固定0.8億t/年である．

硫黄は陸域の生物と土壌に3.0×10^3億t，海に1.3×10^7億t（そのうち，生物に3.0億t），河川・湖に3.0億t，大気に0.048億tある．さらに，地殻の堆積岩，火成岩，マグマに2.4×10^8億t，海洋堆積物として3×10^6億tある．これらは，火山活動や化石燃料の燃焼によりSO_Xとして大気中に放出され，酸性雨となり海洋や土壌に移動・循環する．人為的な排出量（0.76億t/年）は全移動量の３分の１を占めている．

リンはリン酸塩の形態で海・湖沼中に溶存，あるいはそれらの底質や陸地の土壌中に存在する．植物プランクトンや陸上の植物によって生産群集に取り込まれ，食物連鎖によって移動し，死骸や排せつ物を分解者が再びリン酸塩類に分解する．

生物は生産者であれ消費者，分解者であれ，体外から物質とエネルギーを摂取して，炭素，酸素，窒素などをタンパク質や糖質として固定する．光合成では二酸化炭素と水からグルコースと酸素が合成される．

$$6CO_2 + 6H_2O_{Liq} \longrightarrow C_6H_{12}O_6 + 6O_2$$

このときのエンタルピー変化量およびエントロピー変化量はそれぞれ，

$\Delta H_f^0 = 2.8 \times 10^6$ J/mol

$\Delta S = -259$ J/(mol·K)

となり，吸熱反応で，かつエントロピーが減少する．大気中の O_2（20.98%）および CO_2（0.03%）の分圧を補正（$\Delta S = -R \cdot \ln \frac{P}{P_0}$）すると，$\Delta S = -586$ J/(mol·K) となり，熱力学の第２法則に反する．太陽から 2.8×10^6 J/mol の熱を受け取り，光合成によってその熱を固定したとすると，$\Delta S = \frac{2.8 \times 10^6}{288} = 9722$ J/(mol·K) だけエントロピーが増大するはずである．実際には，光合成によるエントロピーの低下は水の気化によるエントロピーの増加によって補償されている．

$$6CO_2 + 12H_2O_{Liq} \longrightarrow C_6H_{12}O_6 + 6O_2 + 6H_2O_{Gas}$$

$$\Delta S_{H_2O(Liq \rightarrow Gas)} = \frac{2443\,(J/g) \cdot 18}{288} = 153\ J/(mol \cdot K)$$

水の気化を考慮したときのエントロピー変化量は，$\Delta S = 330$ J/(mol·K) となり，熱力学の第2法則に矛盾しない．太陽から受け取った熱 2.8×10^6 J/mol から期待されるエントロピー増加に比べると小さいが，これは，光合成の効率が低いためである．太陽光のうち，波長が長く光合成に使えないエネルギーや，波長が短いため光合成に十分すぎて余ってしまうエネルギー，光合成自身の変換効率（約35%）などで，反応に使われなかったエネルギーは熱として外界に放出される．

このように生物は外界から物質とエネルギーを摂取し，有機物を体内に固定し，エントロピーが減少した分を，高エントロピー物質（水，二酸化炭素，固形廃棄物，尿，熱など）を外界に放出することで補償し，秩序を維持している（図2.4.8)．環境は外界から低エントロピー物質を取り入れて固定し，高エントロピー物質を外界に廃棄する階層構造から成り立っており，最終的には熱として宇宙空間に放出することで地球全体の秩序が維持されている（図2.4.9）.

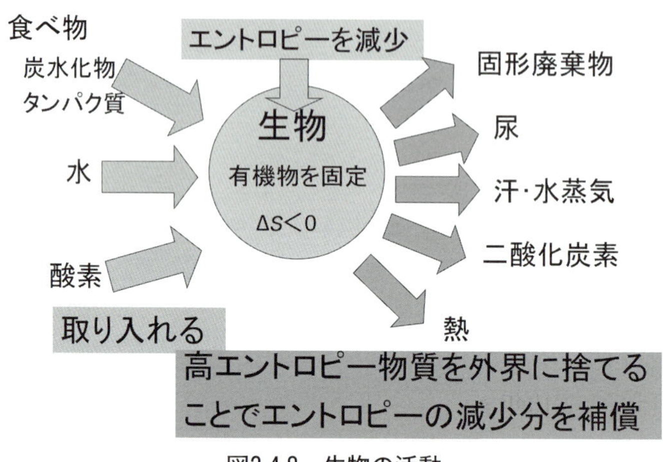

図2.4.8　生物の活動

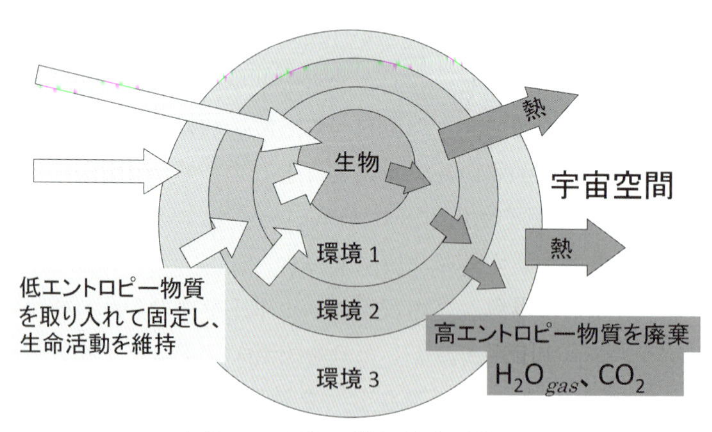

図2.4.9　環境の階層的多重構造

⑵ 生物と生物多様性

地球上には，熱帯から極地，沿岸・海洋域から山岳域まで，さまざまな生態系が存在し，そこに多様な生物が生息している．現在，既知の生物種の数は約175万種で，このうち，哺乳類が約6000種，鳥類が約9000種，昆虫が約95万種，維管束植物が約27万種である．未知の生物も含めた地球上の総種数は3000万種と推定されている．

これらの生物種の中には，人間の活動によって絶滅の危機に瀕しているものがあり，国際自然保護連合（IUCN）が2012年にまとめたレッドリストによると，評価対象とした脊椎動物３万6000種，無脊椎動物１万3000種，植物１万5000種などのうち，30％以上が絶滅の恐れがあるとされている．

『地球規模生物多様性概況第３版』(GBO3：Global Biodiversity Outlook 3,〈2010年５月〉）は，生物多様性条約第６回締約国会議（2002年，オランダ・ハーグ）で採択された2010年目標，「締約国は現在の生物多様性の損失速度を2010年までに顕著に減少させる」の達成状況をまとめている．それによると，保護地域の増加や汚染の低減などについて，部分的または地域的には目標が達成されたが，生物多様性の主要構成要素である生態系，種，遺伝子のすべてにおいて生物多様性の損失が継続していることを示す兆候が多数存在しており，このまま損失が継続し，生態系がある臨界点を超えた場合，生物多様性の劇的な損失と，それに伴う生態系の公益的機能が低下する可能性が高いことを報告している．

また，地球環境の変化により，生態系の攪乱や種の絶滅など，生物多様性に対して，深刻な影響が生じることが危惧されている（図2.2.8)．生物多様性は気候変動に対して特に脆弱であり，全球平均気温の上昇が1.5～2.5℃を超えた場合，評価対象になった動植物種の約20～30％は絶滅リスクが高まる可能性が高く，４℃以上の上昇に達した場合は，地球規模で40％以上の種の絶滅につながると予測されている．サンゴ礁については約１～３℃の海面温度の上昇で，白化や広範囲な死滅が頻発すると予測されている．

近年，外洋域の主要な生産者である植物プランクトンの発生量が減少している．植物プランクトンの栄養源は，河川などから大陸棚に流れ込む肥沃な有機物やミネラルである．海氷ができるなどで，海表面の温度が下がると，海水の比重が増し，表層の海水は深層へ沈み込み，大陸棚に沿って沖合に流れ出す．この時，栄養分の豊富な有機物やミネラルを一緒に沖合に運ぶ．この養分は冬季に海水面が冷やされて起こる鉛直方向の海水循環によって表層に供給され，植物プランクトンの増殖を引き起こす．地球温暖化により，表層の水温が上昇すると，海水の層構造（温度躍層）が強化され，深層の栄養分が表層へ十分に供給されない．植物プランクトンは海洋生態系の源である．地球温暖化によって海氷の形成が減少すれば，関連する海洋生態系の生物生産に広域的な影響を及ぼす恐れが指摘されている．

また，海水表面の pH の平均値が0.1低下するなど，海の酸性化が進んでいる．産業革命以来，化石燃料の燃焼によって人為的に排出された二酸化炭素の約30％を海洋が吸収してきた結果である．北大西洋における表面海水中の二酸化炭素濃度は，1.6±0.2 ppm/年（冬季に観測）の速度で増加している．海洋酸性化が進むことにより造礁サンゴ類や貝類，プランクトンなど，数多くの海洋生物にとって，石灰化の作用が起きにくくなり（図2.1.7），外骨格をつくれなくなる種が出てくる可能性が指摘されている．

地球環境の変化は，生物多様性の変化を通じて，食糧生産など，人間生活や社会経済にも大きい影響を及ぼす（図2.2.8）．さらに，ヒトの健康への影響として，マラリヤの原虫を媒介するハマダラカなどが，気温の上昇に伴って個体数が増加し，生息域が北上することが予測されている．

日本における既知の生物種数は９万種以上，まだ知られていないものを含めると30万種を超えると推定されており，約38万 km² の国土面積の中に豊かな生物相がみられる．また，固有種の比率が高いことも特徴で，陸棲哺乳類，維管束植物の約４割，爬虫類の約６割，両生類の約８割が固有種である．クマ類やサル，ニホンジカなど数多くの中・大型野生動物が生息する豊かな自然環境を有している．

日本の近海は同緯度の地中海や北米西岸に比べ海水魚の種数が多い．日本近海には，世界に生息する127種の海棲哺乳類のうち50種（クジラ・イルカ類40種，アザラシ・アシカ類８種，ラッコ，ジュゴン），世界の海水魚，約１万5000種のうち，約25％（約3700種），海鳥約300種のうち122種が生息するなど，多様な種が生息している．バクテリアから哺乳類まで合わせると３万種以上（世界の全海洋生物種数の約15％）が分布するなど，生物多様性の非常に高い海域である．

3．エネルギー・資源の利用の現状と環境問題

3.1 増え続ける人口とエネルギー・資源の消費

(1) 増える人口と広がる経済格差

産業革命の最中だった19世紀初め，およそ10億人だった人口は，その後急速に増加し，現在70億人を超えている（図3.1.1）．先進国では人口増加率が抑制（約0.5%/年）されているが，途上国では増加率が大きい（1.5～4%/年）ため，この割合で増加し続けると2050年には世界の人口が90億人を超えると予想されている．

地域別でみるとアジアの人口が多く，世界の人口の3分の1を占める．中国とインドの人口がともに10億人を超えており，インドネシアも2億人を超えている．

産業革命によって生産活動への大量の資源とエネルギーの投入が可能になり，大きな経済発展をもたらした．食糧の増産も可能になり，人口が爆発的に増加している．しかし，資源投入の恩恵は，世界のごく一部の国に限られ，経済発展を成し遂げた国と取り残された国の格差が拡大している（表3.1.1）．絶対貧困者（1日1.25ドル未満で暮らす人）が約14億人，世界人口の20%を占めている．同時に，食糧不足を招き，現在でも8億～10億人が栄養不足状態にあるといわれ，年に1500万人が餓死している．

日本の人口は1億2713万6000人（2014年）であり，前年に比べ20万1000人（−0.16%）減少している．このうち，日本人の人口は1億2556万4000人で，前年に比べ24万9000人（−0.20%）減少している．

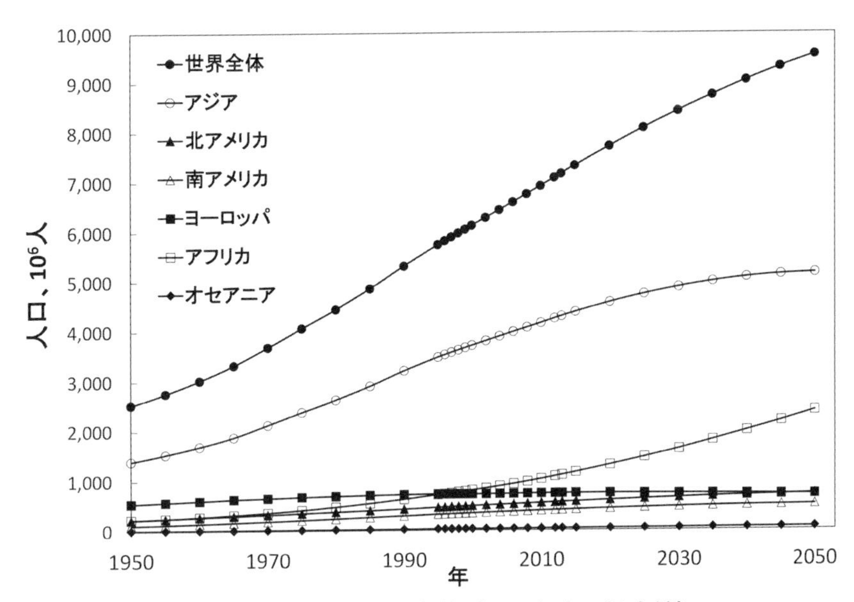

図3.1.1　世界の人口の推移（2013年までは実績）

出典：総務省統計局『世界の人口』(2015年）をもとに作成

表3.1.1　世界の平均所得（GNI）

US$

	1970年	1980年	1990年	2000年	2010年	2013年
日本	1,810	10,670	27,560	34,970	42,190	46,330
ユーロ圏諸国	2,324	10,339	17,828	22,332	39,996	39,601
北アメリカ	5,167	13,415	24,119	34,449	48,656	53,349
OECD 諸国	2,681	9,367	17,314	23,462	36,235	38,904
東アジア・太平洋	301	1,279	2,753	3,753	7,164	9,387
南アジア	119	271	381	448	1,205	1,482
サハラ以南アフリカ	207	669	600	496	1,260	1,667
世界平均	804	2,615	4,209	5,429	9,361	10,679
重債務貧困国（HIPC）	153	422	366	298	693	816
OECD 諸国/HIPC	18	22	47	79	52	48

GNI Atlas, The World Bank, 2014. をもとに作成.

⑵ 増え続けるエネルギー消費

世界の１次エネルギー消費量は現在，5.3×10^{20} J（石油換算127億 t〈2013年〉）であり，その80％以上を化石資源に依存している（図3.1.2）．地域別の１次エネルギー消費では，北アメリカ，欧州・ユーラシアは変化が少ないが，アジア・太平洋地域の増加が著しい（図3.1.3）．なかでも，中国の消費量が2000年以降，突出して増加している（全世界の消費量の約５分の１〈2012年〉）．中国以外にもインド，インドネシアなど人口の多い国，ベトナム，韓国，フィリピンなど経済発展の著しい国が多く，将来，消費量の増加が予想される．特に，インドの増加が顕著になると予想されている（図3.1.3）．化石資源の消費に伴い，CO_2排出量も増加している（図3.1.4）．化石資源由来のCO_2排出量は年間317億 t（2012年）である（表3.1.2）．中国の排出量が全体の４分の１を占め，中国，アメリカ，EU 諸国で全体の半分に達する．日本の排出量は約４％である．今後，CO_2の排出抑制措置が何ら取られない場合，2050年には年間500億 t を超えると予想されている（図3.1.4）．アメリカ，EU 諸国の排出量は，今後減少するが，中国，インド，およびその他のアジア・オセアニア諸国の増加が著しい．

近年，再生可能エネルギーの導入が増えており，特に，太陽光・熱発電と風力発電の伸びが大きい（0.8×10^{15} Wh〈石油換算1.7億 t［2013年］〉）（図3.1.5）．再生可能エネルギーは温暖化防止への貢献が大きいと期待されており，導入が加速すると予想されている（図3.1.2）．

日本の１次エネルギー供給量は2.1×10^{19} J（石油換算５億 t）であり（図3.1.6），その約９割が化石資源である（図3.1.7）．エネルギー消費の多いほかの国と比較しても，日本は化石資源への依存度が高い．国民１人当たり１日に約14 L（約4.8×10^{8} J）の石油を消費している計算である．その約40％が発電に，20％が工業用原料や動力に，約15％が輸送用燃料に使用されている（図3.1.8）．最終エネルギー消費は供給エネルギー量の約70％であり，残り約30％は１次エネルギー利用時の損失で

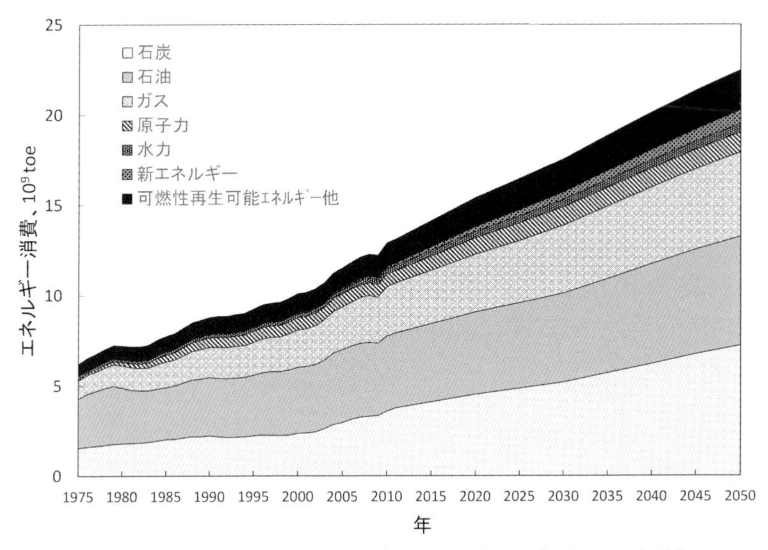

図3.1.2　世界の１次エネルギー需要（2011年までは実績）

出典：Energy Technology Perspectives 2012, IEA.
『平成25年度版エネルギー白書』（資源エネルギー庁，2013年）をもとに作成.

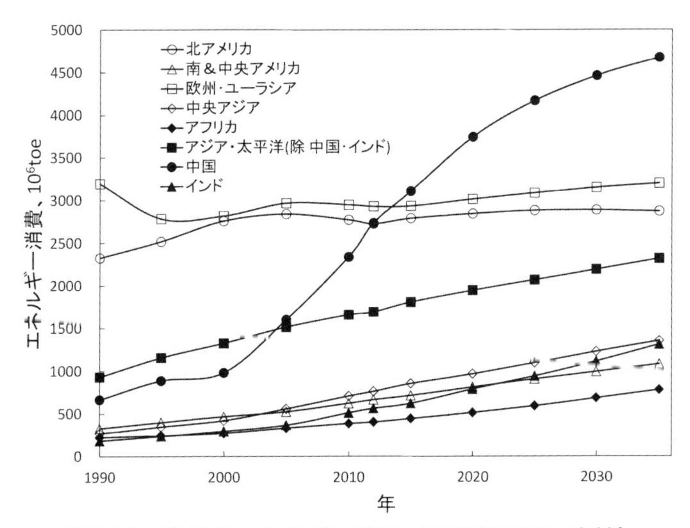

図3.1.3　世界のエネルギー消費（2012年までは実績）

出典：BP Energy Outlook 2035をもとに作成

表3.1.2　世界のエネルギー起源CO_2排出量（2012年）

国名	CO_2排出量（10^6t）	割合（%）
中国	8,250.8	26.0
アメリカ	5,074.1	16.0
EU15	2,827.1	8.9
ドイツ	(755.3)	(2.4)
イギリス	(457.5)	(1.4)
イタリア	(374.8)	(1.2)
フランス	(333.9)	(1.1)
その他	(905.6)	(2.8)
インド	1,954.0	6.2
ロシア	1,659.0	5.2
日本	1,223.3	3.9
韓国	592.9	1.9
カナダ	533.7	1.7
イラン	532.2	1.7
サウジアラビア	458.8	1.4
ブラジル	440.2	1.4
メキシコ	435.8	1.4
インドネシア	435.5	1.4
オーストラリア	386.3	1.2
南アフリカ	376.1	1.2
その他	6,554.6	20.7
世界全体	31,734.4	100.0

出典：環境省HP「気候変動枠組条約・京都議定書」（2014年）

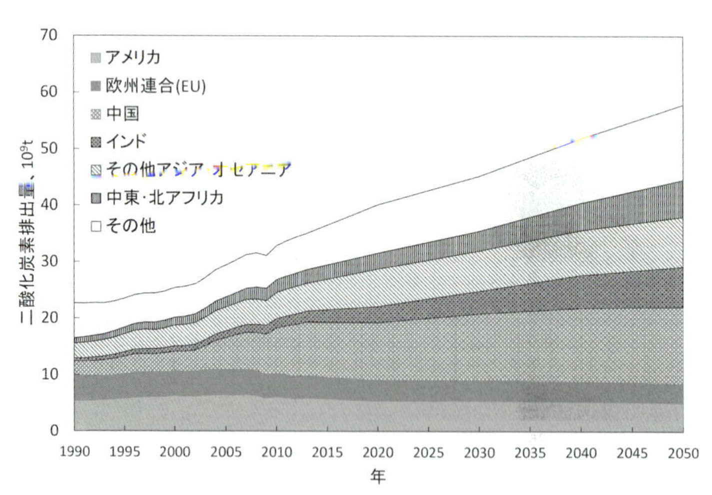

図3.1.4　CO_2排出量の長期見通し（2011年までは実績）

出典：日本エネルギー経済研究所『世界，アジアのエネルギー需給展望』（2013年）
BP, Statistical Review of World Energy, 2014. をもとに作成

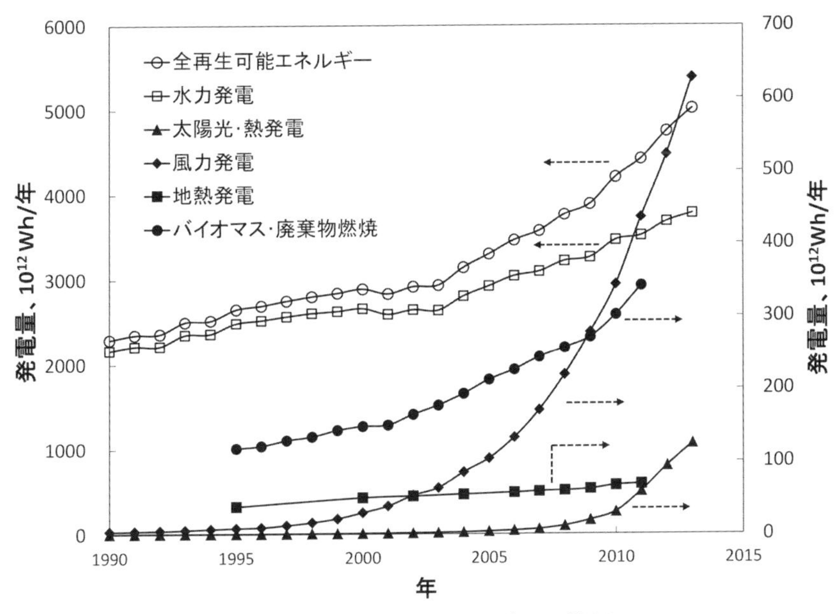

図3.1.5　再生可能エネルギーの状況

出典：Energy Technology Perspectives 2012, IEA をもとに作成

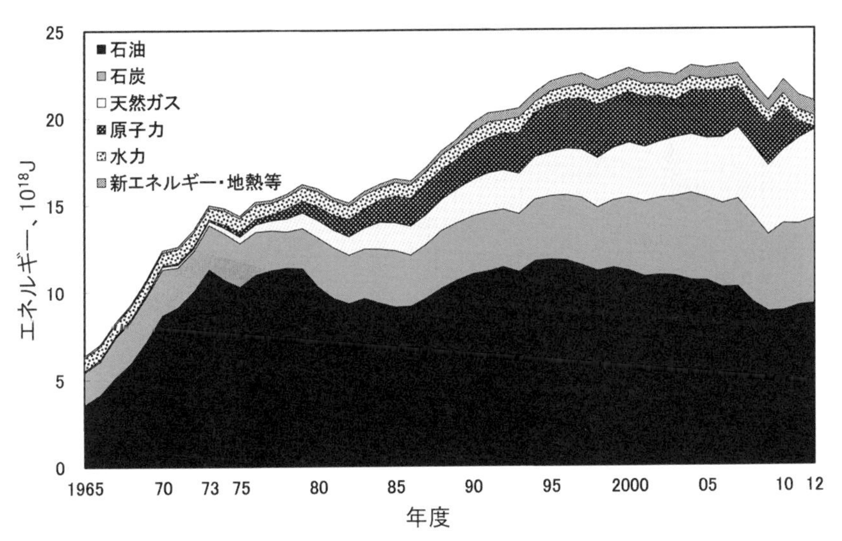

図3.1.6　日本のエネルギー供給の推移

『平成25年度版エネルギー白書』（資源エネルギー庁，2013年）をもとに作成.

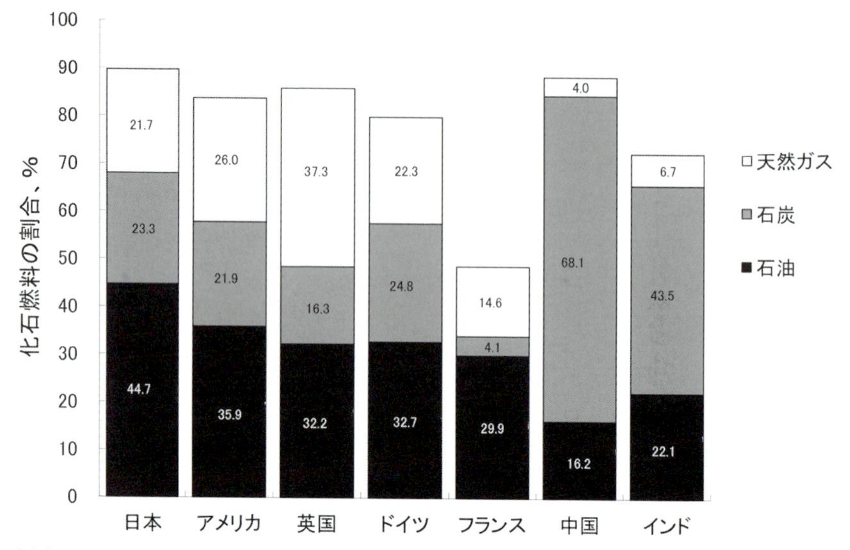

（注）化石エネルギー依存度（%）＝（1次エネルギー供給のうち原油・石油製品，石炭，天然ガスの供給)/(1次エネルギー供給)×100．出典：IEA「Energy Balances of OECD Countries 2013 Edition」「Energy Balances of Non-OECD Countries 2013 Edition」をもとに作成

図3.1.7　主要国の化石燃料依存割合（2011年）

『平成25年度版エネルギー白書』（資源エネルギー庁，2013年）をもとに作成．

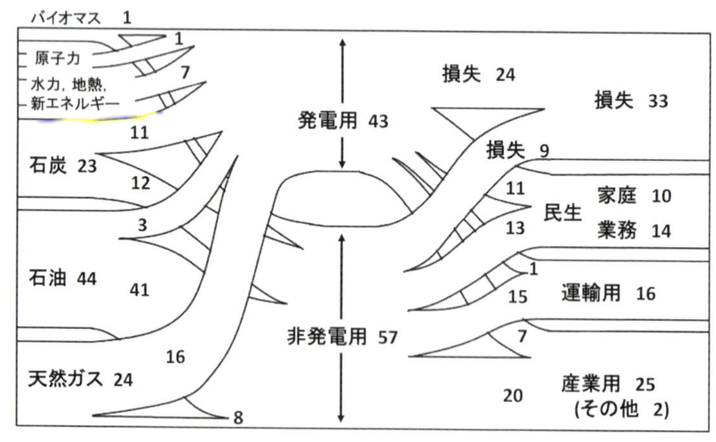

図3.1.8　日本のエネルギーバランスフロー（2012年度）

『平成25年度版エネルギー白書』（資源エネルギー庁，2013年）をもとに作成．

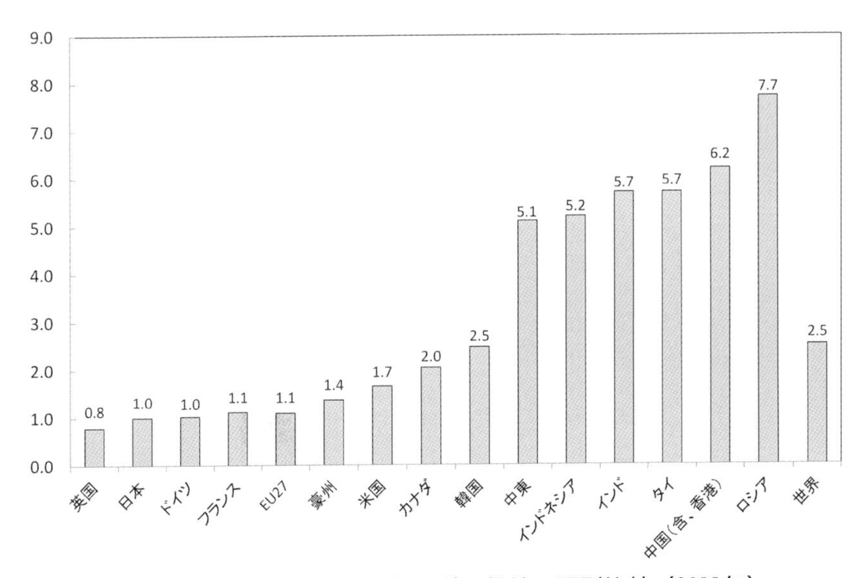

図3.1.9　GDP当たりのエネルギー供給の国別比較（2011年）

『平成25年度版エネルギー白書』（資源エネルギー庁，2013年）をもとに作成．

ある．さらに，輸送効率や電力の利用効率など，最終エネルギー使用時の効率を考慮すると，有効に利用できているのは供給エネルギーの３分の１である．

日本のGDP当たりのエネルギー投入量は約4×10^4 J/円である．日本を1.0とした時のGDP当たりのエネルギー投入量は，EU 27カ国1.1，米国1.7，世界平均は2.5である（図3.1.9）．日本は他国と比較して，少ないエネルギーの投入で高い生産性をあげている．

⑶ 生産活動を支える鉱物資源

人類は，文明の発祥以来，青銅や鉄を用いて道具を作り，生活や生産活動に利用してきた．現在は様々な鉱物資源が，人類の生活や生産活動を支えている（表3.1.3）．鉄鉱石の生産量が最も多く（23億t），中国，オーストラリア，ブラジルの３カ国で全体の70％を占めている．鉄鉱

表3.1.3　鉱物資源の可能可採埋蔵量と年間生産量

(2010年)

	単位	可採埋蔵量	生産量	可採年数（年）
鉄鉱石	10^6 t	160,000	2,300	70
ボーキサイト	10^6 t	55,000	211	261
銅鉱石	10^6 t	540	15.8	34
亜鉛鉱	10^6 t	200	11	18
鉛	10^6 t	79	3.9	20
錫	10^3 t	5,600	307	18
銀	10^3 t	400	21.4	19
金	10^3 t	47	2.4	20
チタン	10^6 t	730	5.7	128
マンガン	10^6 t	540	9.6	56
クロム	10^6 t	350	23	15
ニッケル	10^6 t	71	1.4	50
コバルト	10^3 t	6,600	62	106
ニオブ	10^3 t	2,900	62	47
タングステン	10^3 t	2,800	58	48
モリブデン	10^3 t	8,700	200	44
タンタル	10^3 t	110	1.2	95
インジウム	10^3 t	11	0.6	18
天然ガス	10^{12} m^3	187.5	3.0	63
石油	10^9 バレル	1,333	29	46
石炭	10^{12} t	826	6.9	119

『平成25年度版エネルギー白書』（資源エネルギー庁，2013年）をもとに作成．

石以外に，産業の基礎資材として用いられる鉱石の生産量と主要生産3カ国は，ボーキサイト2.1億t（67%〈オーストラリア，中国，ブラジル〉），銅鉱石1580万t（49%〈チリ，ペルー，中国〉），亜鉛鉱1100万t（54%〈中国，ペルー，オーストラリア〉）である．高度な生産活動を支えるためには，主要な金属元素以外に，特殊な金属元素が欠かせない（表3.1.4）．特に，高度なモノづくりを得意とする日本では，ハイブリッド自動車用や風力発電用モーター，エレクトロニクス産業，電池，触媒，液晶などの化学産業分野で希少金属や希土類元素の需要が高まっている．これらの資源は産地が偏在しており，資源の安定的な確保が重要である（表3.1.5）．

表3.1.4　先端産業・技術を支える鉱物資源

産業・製品	鉱物資源
鉄鋼産業	
工具類	タングステン，バナジウム，クロム，モリブデン，コバルト，シリコン
構造用合金鋼	ニッケル，クロム，モリブデン，シリコン，コバルト，アルミニウム
ステンレス鋼	クロム，ニッケル，マンガン，モリブデン
高張力鋼	ニオブ，バナジウム，モリブデン
電磁鋼板（自動車・家電用モーター，変圧器）	シリコン
自動車産業	
ハイブリッド・電気自動車用モーター	レアアース（ネオジウム，ジスプロシウム，サマリウム）
電気自動車用電池	リチウム，コバルト，ニッケル，マンガン，グラファイト
高張力鋼板	ニオブ，バナジウム，モリブデン
精密加工用切削工具	タングステン
シート難燃剤，ブレーキパッド	アンチモン
排ガス触媒	レアアース（セリウム，ランタン），白金族（白金，パラジウム，ロジウム）
航空機産業	
エンジン	チタン，ニッケル，クロム，モリブデン，タングステン，レニウム，ルテニウム
機体	アルミニウム，亜鉛，マグネシウム，グラファイト
エレクトロニクス産業	
モーター（エアコン，洗濯機等）	レアアース（ネオジウム，ジスプロシウム，サマリウム），ストロンチウム
フラットパネルディスプレイ	インジウム，錫
ガラス研磨剤	レアアース（セリウム）
光学機器用レンズ材料	レアアース（ランタン，ガドリニウム）
LED，半導体	ガリウム，シリコン
蛍光体	レアアース（ユーロピウム，ガドリニウム，テルビウム，イットリウム）
家電キャビネット用難燃剤	アンチモン
再生可能エネルギー産業	
風力発電用モーター	レアアース（ネオジウム，ジスプロシウム）
太陽電池用パネル	インジウム，ガリウム，セレン，シリコン，アルミニウム
電池	リチウム，コバルト，ニッケル，マンガン，グラファイト
化学産業	
触媒	バナジウム，モリブデン，レアアース（セリウム，ランタン），タングステン，コバルト，白金族（白金，パラジウム，ロジウム），レニウム，ジルコニウム，ゲルマニウム
電池	リチウム，コバルト，ニッケル，マンガン，グラファイト，鉛，フッ素
半導体，液晶用材料	錫，インジウム，イリジウム，フッ素

経産省，資源確保戦略，平成24年６月「第15回パッケージ型インフラ海外展開大臣会合報告資料」をもとに作成.

表3.1.5　主要な希少金属の埋蔵量と産出量および日本の輸入量

鉱物名	埋蔵量（万ｔ）			産出量（ｔ）			日本の輸入量（ｔ）		
	上位３カ国（埋蔵量）			上位３カ国（産出量）			上位３カ国（割合）		
イットリウム	990			18000			2256		
	チリ（750）	アルゼンチン（80）	オーストラリア（58）	チリ（7400）	オーストラリア（4400）	中国（2300）	チリ（86%）	中国（8.6%）	アルゼンチン
バナジウム	1300			54000			2851		
	中国（500）	ロシア（500）	南アフリカ（300）	中国（20000）	南アフリカ（19000）	ロシア（14000）	南アフリカ（44%）	中国（37%）	韓国（11%）
クロム	35000			23000			4498		
	カザフスタン（18000）	南アフリカ（13000）	インド（4400）	南アフリカ（960）	インド（390）	カザフスタン（360）	中国（50%）	カザフスタン（37%）	米国（2.8%）
マンガン	54			9600			1106		
	ウクライナ（14）	南アフリカ（13）	オーストラリア（8.7）	中国（2400）	オーストラリア（1600）	南アフリカ（1300）	南アフリカ（60%）	オーストラリア（40%）	
コバルト	660			62000			14800		
	コンゴ（340）	オーストラリア（150）	キューバ（50）	コンゴ（25000）	オーストラリア（6300）	中国・ロシア（6200）	フィンランド（37%）	オーストラリア（21%）	カナダ（20%）
ジルコニウム	5600			1230000			33038		
	オーストラリア（2500）	南アフリカ（1400）	ウクライナ（400）	オーストラリア（510000）	南アフリカ（395000）	中国（140000）	米国（61%）	中国（19%）	フランス（11%）
ニオブ	290			62000			3270		
	ブラジル（290）	カナダ（4.6）		ブラジル（57000）	カナダ（4300）		ブラジル（98%）		
モリブデン	870			200000			29721		
	中国（330）	米国（270）	チリ（110）	中国（77000）	米国（50000）	チリ（32000）	チリ（44%）	中国（18%）	米国（16%）
インジウム	1.1			600			342		
				中国（300）	韓国（85）	日本（60）	韓国（66%）	中国（17%）	台湾（5%）
タンタル	11			1160			629		
	ブラジル（6.5）	オーストラリア（4）		オーストラリア（560）	ブラジル（180）	コンゴ（100）	米国（41%）	ドイツ（21%）	タイ（10%）
タングステン	320			58000			4119		
	中国（187）	ロシア（25）	米国（14）	中国（62000）	ロシア（3500）	カナダ（2000）	中国（87%）	米国（2.8%）	韓国（2.6%）
レアアース	9.9×10^5			124000			30936		
	中国（3.6×10^5）	ロシア（1.9×10^5）	米国（1.3×10^5）	中国（120000）	インド（2700）	ブラジル（650）	中国（82%）	フランス（10%）	エストニア

「外務省調査月報」（2010年，No. 3）をもとに作成.

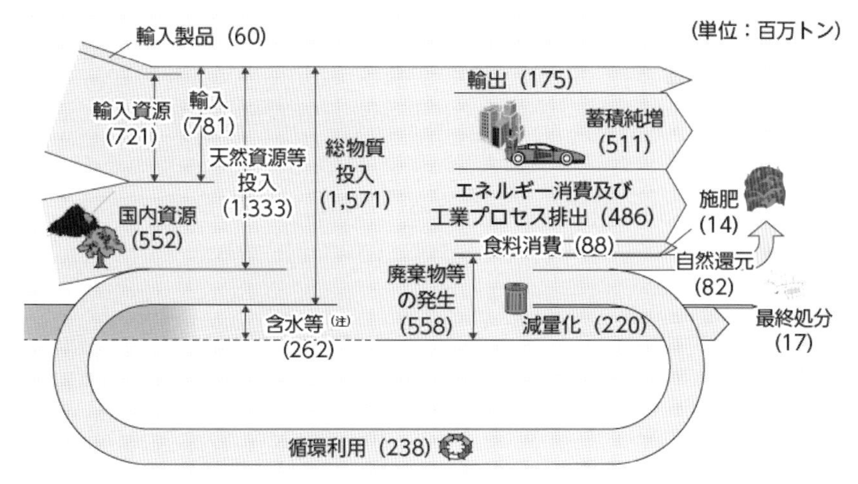

（注）含水等：廃棄物等の含水等（汚泥，家畜ふん尿，し尿，廃酸，廃アルカリ）及び経済活動に伴う土砂等の随伴投入（鉱業，建設業，上水道業の汚泥及び鉱業の鉱さい）

図3.1.10　日本の物質フロー（2011年）

『環境・循環型社会・生物多様性白書』(平成25年度版，環境省，2013年).

天然の資源では綿実4400万 t，天然ゴム800万 t が合成品（化学繊維3200万 t，合成ゴム1100万 t）と匹敵する規模にある．木材の伐採は33億 m^3，紙の生産量は3.4億 t（パルプ1.9億 t）である．

日本の資源の流れは，物質投入量が年約15.7億 t（国内約5.5億 t，輸入約7.8億 t)，水の供給約2.6億 t である（図3.1.10)．主な内訳は砂利・砕石約40%，石灰石約10%，化石資源約30%，木材・食糧約15%である．一方，出口では国内蓄積が約5.6億 t，輸出約1.8億 t，廃棄物排出量が約5.6億 t，食料消費が0.9億 t，エネルギー消費・工業プロセス排出量約4.9億 t，資源循環約2.4億 t である．

3.2　人口を支える食糧

世界の穀物生産量は，年により若干の差はあるが，約25億tである．小麦，米が，それぞれ約7億t，トウモロコシが約8億t生産され，中国，インド，米国が3大生産国である．そのほかに，大麦，ライ麦，エン麦が生産されている．食肉は2.5億t（2012年）であり，中国，米国，ブラジルでその半分以上を生産する．

世界の耕作面積は約14億ha（2013年）であり，1960年の約13億haからそれほど増加していないが，穀物生産量は8.5億t（1960年）から約2.9倍に増加した．化学肥料，灌漑設備，農薬等，エネルギーを大量に投入した（図3.2.1）ことと，品種改良の成果である．しかし，将来の人口（約100億人）を養うためには現在の1.5～2倍の農地が必要といわれている．世界には25億～30億ha程度の農耕可能地があるといわ

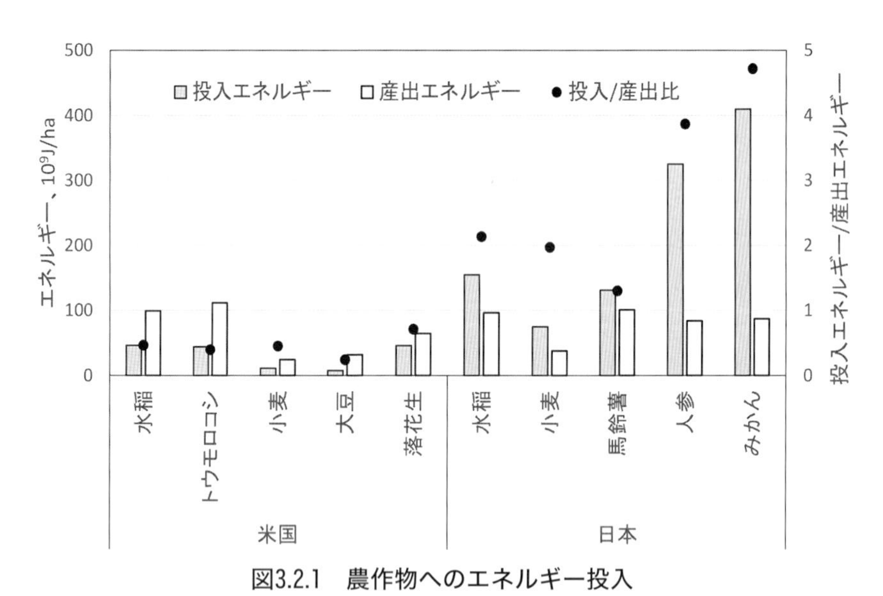

図3.2.1　農作物へのエネルギー投入

出典：A. F. F. Boys「日本における農業とエネルギー」茨城キリスト教大学短期大学部研究紀要，40（2000），29-132をもとに作成

れているが，森林破壊などにつながる恐れもあり，すべてを開墾するわけにはいかない．

日本の米の生産に使われるエネルギーは，1 ha 当たり石油換算約 3 t で，狭い耕作面積で高い収穫率をあげている日本は，農作物に多くのエネルギーを投入している．米国の米の生産に投入されるエネルギーは 1 ha 当たり石油換算約0.8 t である．農業に使われるエネルギーの約30％が肥料の製造，灌漑10％，植え付けや収穫時の農機具の燃料30％，その他（農薬の製造，収穫物の乾燥等）30％である．一方，米の産出するエネルギーは，日本の場合，1 ha 当たり石油換算約 2 t である．日本の農作物へのエネルギー投入量は，多くの作物で産出エネルギーを超えている（図3.2.1）．ハウス栽培の場合，エネルギーはさらに増え，産出エネルギーの100倍以上投入されている作物もある．そのほかに，農場を離れた後，食糧の輸送，包装，貯蔵，販売に，農場で使われるエネルギーの 3 ～ 4 倍が消費される．

穀物生産量を世界の人口で割った，1 人当たりの穀物量は約350 kg である．1 人当たりの年間標準量は180 kg とされており，全人口を養うのに十分な食料が生産されているはずである．しかし，世界の栄養不足人口は途上国を中心に全体の 7 分の 1（約8.5億人）である．世界各国の 1 人 1 日当たりの供給カロリーは，オーストラリア3785 kcal，米国3650 kcal，ドイツ3517 kcal，日本2695 kcal であり，先進国が必要最低摂取カロリー（WHO）2100 kcal を大きく上回っているのに対し，ソマリア1715 kcal，ザンビア1911 kcal，チャド2037 kcal，東ティモール2066 kcal など，途上国が必要最低摂取カロリーに達していない（図3.2.2）．先進国では肉を食べ，飽食なのが理由である．肉 1 kg を生産するのに消費される穀物は，牛肉の場合11 kg，豚肉 7 kg，鶏肉 4 kg であり，年間 8 億 t の穀物が飼料として使われている．

一方，年間13億 t の食料が廃棄されている．これは，食料生産量の 3 分の 1 に相当する．廃棄される食料には，過剰生産や保存，加工，流

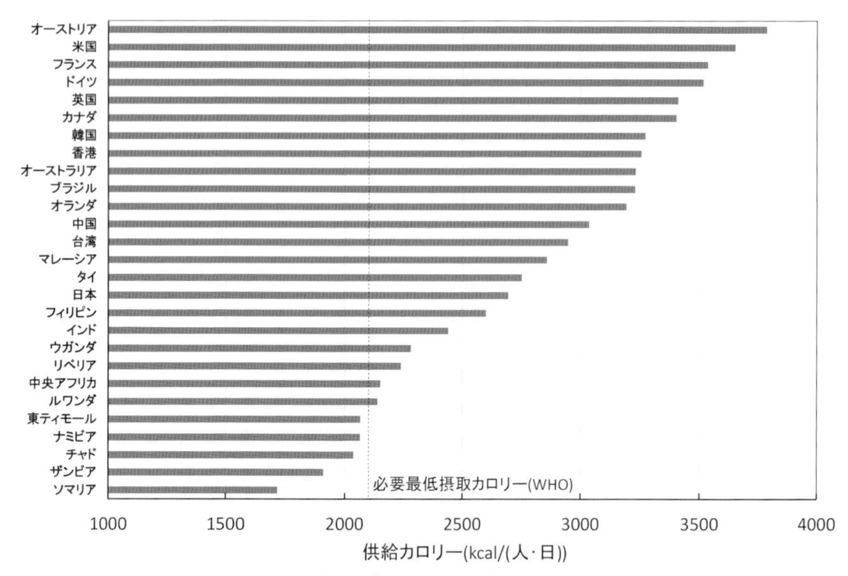

図3.2.2　世界各国の食糧供給カロリー

出展：Faostat 2014.8.11をもとに作成

通時のロス，賞味期限切れなどの不適切な在庫管理など，生産・加工・流通・小売段階で発生するもの，および，外食時の食べ残し，家庭からの生ごみなど，消費段階で発生するものがある．消費段階で発生する廃棄食料の年間，1人当たりの量は，北米，オセアニア，欧州地域95～115 kg，サハラ以南アフリカ，南・東南アジア地域6～11 kgである（表3.2.1）．日本は集計の条件が異なるが，42～67 kgである．

日本の国内生産量は5600万t，輸入量は5500万t（2012年）である．日本の食糧自給率は年々低下しており，1965年には穀物42%，熱量基準73%であったものが，現在，それぞれ27%，39%になっている．品目別では，穀類27%，芋類75%，豆類10%，野菜類78%，果実類38%，肉類55%，乳製品65%，魚介類49%となっている（表3.2.2）．食糧の主な輸入国は，アメリカ，EU，中国，オーストラリア，カナダ，タイ，ブラジル，インドネシアである（表3.2.3）．

表3.2.1　地域別に見た食料ロスと廃棄量

（単位：kg/人・年）

	欧州	北米・オセアニア	アジア先進工業地域	サハラ以南アフリカ	北アフリカ，西・中央アジア	南・東南アジア	ラテンアメリカ
生産から小売の段階での食料ロス	186	181	163	161	183	114	198
消費段階での廃棄量	95	115	73	6	33	11	25
食料廃棄量	281	296	236	167	216	125	223

資料：FAO, *Global food losses and food waste*（平成23〈2011〉年公表）をもとに作成

表3.2.2　日本の食糧生産量と輸入量（2012年）

	国内生産量	輸入量	自給率（%）
穀類	9,768	25,919	27.4
いも類	3,376	1,100	75.4
でんぷん	2,526	147	94.5
豆類	340	3,015	10.1
野菜	12,012	3,302	78.4
果実	3,062	5,007	37.9
肉類	3,273	2,636	55.4
鶏卵	2,502	123	95.3
牛乳及び乳製品	7,608	4,194	64.5
魚介類	4,325	4,586	48.5
海藻類	108	51	67.9
砂糖類	2220	1967	53.0
油脂類	1,950	985	66.4
みそ	442	1	99.8
しょうゆ	802	2	99.8
その他食料計	1,926	2,271	45.9
合　計	56,240	55,306	

『農業白書』（2015年）をもとに作成.

表3.2.3　日本の農林水産物輸入国

	国名	輸入額 100万円	構成 割合 %	おもな農林水産物			
1	アメリカ合衆国	1,633,395	18.2	トウモロコシ	豚肉	小麦	大豆
2	中華人民共和国	1,212,441	13.5	鶏肉調整品	冷凍野菜	えび	カツオ・マグロ類
3	カナダ	590,873	6.6	豚肉	小麦	大豆	菜種
4	タイ	535,544	6.0	鶏肉調整品	えび	冷凍野菜	砂糖
5	オーストラリア	508,358	5.7	牛肉	小麦	チーズ	大麦
6	ブラジル	414,911	4.6	トウモロコシ	コーヒー豆	大豆	鶏肉
7	インドネシア	353,690	4.0	天然ゴム	えび	カツオ・マグロ類	コーヒー豆
8	オランダ	255,948	2.9	たばこ	豚肉	生鮮野菜	球根
9	チリ	238,096	2.7	サケ・マス	生鮮・乾燥果実	鶏肉	アルコール飲料
10	マレーシア	234,164	2.6	天然ゴム	パーム油	たばこ	木材
11	フィリピン	207,279	2.3	バナナ	ココナッツオイル	パイナップル	えび
12	大韓民国	206,150	2.3	アルコール飲料	カツオ・マグロ類	加熱調整食料品	生鮮野菜
13	ベトナム	192,480	2.1	えび	コーヒー豆	イカ	えび調整品
14	フランス	190,250	2.1	アルコール飲料	チーズ	鶏肉	菜種
15	ニュージーランド	189,607	2.1	チーズ	キウイ	牛肉	木材
16	ロシア	173,888	1.9	カニ	サケ・マス	タラの卵	えび
17	アルゼンチン	131,819	1.5	トウモロコシ	グレインソルガム	えび	ブドウジュース
18	インド	111,355	1.2	えび	生鮮・乾燥果実	紅茶	大豆油粕
19	ドイツ	108,596	1.2	たばこ	アルコール飲料	チーズ	木材
20	イタリア	103,793	1.2	アルコール飲料	菜種	スパゲッティ	トマト缶等
	上位20カ国の合計	7,592,637	84.8				
	農林水産品合計	8,953,120	100.0				

出典：農林水産省国際部国際政策課『農林水産物輸出入概況』（平成25〈2013〉年）

3.3　水資源の現状

世界の水需要量は年間約4000 km³であり，その用途は農業用水約70%，工業用水20%，生活用水10%である（図3.3.1）．

人類が利用可能な淡水量（水資源賦存量）は降水量から蒸発散量を差し引いた量で定義され，年間約4万5000 km³，日本は年間410 km³程度とされる（図3.3.2）．1人当たりの水使用量は世界平均約1750 L/（人・日）（農業1230，工業350，生活170），日本は約1758 L/（人・日）（2010年，農業1174，工業252，生活332）である．世界の水需要は人口の増加，生活水準の向上に伴い2025年までに1.4倍程度の増加が見込まれる（図3.3.1）．水資源賦存量には地域によって大きな差があり，安全な水にアクセスできない人口は約11億人（世界人口の17%）におよぶ．

日本の降水量は640 km^3/年（1690 mm/年，国土面積378×10^3 km^2）で世界平均より多い（図3.3.3）が，国土が狭く，人口密度が高いので，1人当たりでみると多いほうではない（日本約5000 m^3/〈人・年〉，世界約1万6000 m^3/〈人・年〉）（図3.3.4）．水の使用量は81.5 km^3/年（2010年）で農業用水54.4 km^3/年，工業用水11.7 km^3/年，生活用水15.4 km^3/年である（図3.3.2）．この中には地下水利用量9.4 km^3/年が含まれており，そのほかに仮想水（輸入される農作物，畜産物が海外での生産の際に消費した水）64 km^3/年（640億t/年）がある（図3.3.5）．

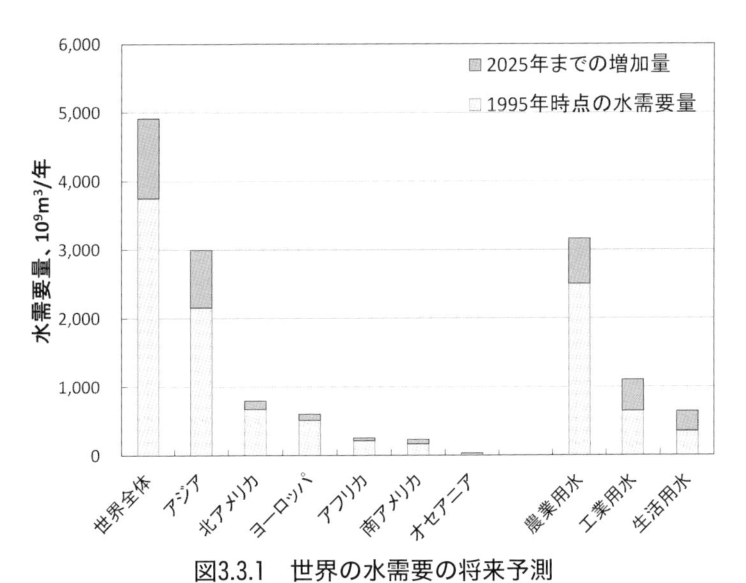

図3.3.1　世界の水需要の将来予測

『日本の水資源』（国土交通省，2014年）をもとに作成．

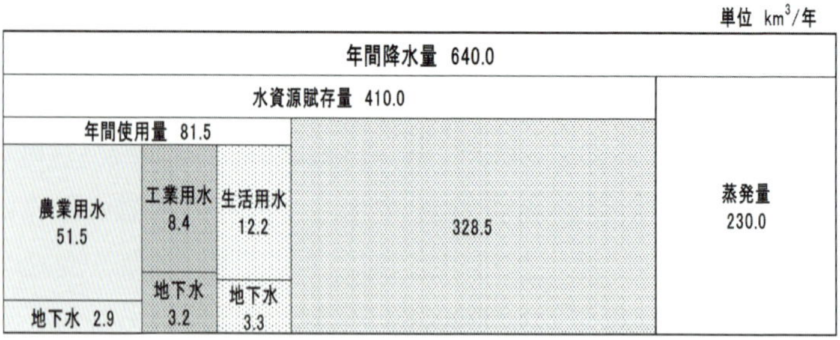

単位 km³/年

年間降水量 640.0

水資源賦存量 410.0

年間使用量 81.5

農業用水 51.5

地下水 2.9

工業用水 8.4

地下水 3.2

生活用水 12.2

地下水 3.3

328.5

蒸発量 230.0

図3.3.2　日本の水資源賦存量と使用量

出典：国土交通省HP「行政関係資料」2014年

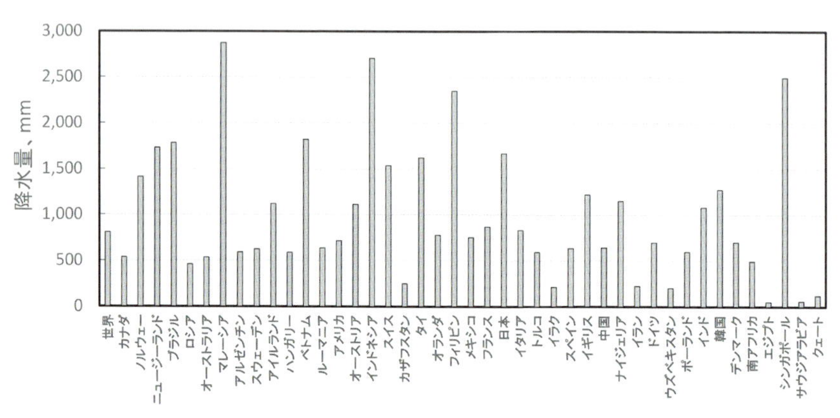

図3.3.3　世界の年降水量

出典：国土交通省HP「行政関係資料」(2014年)

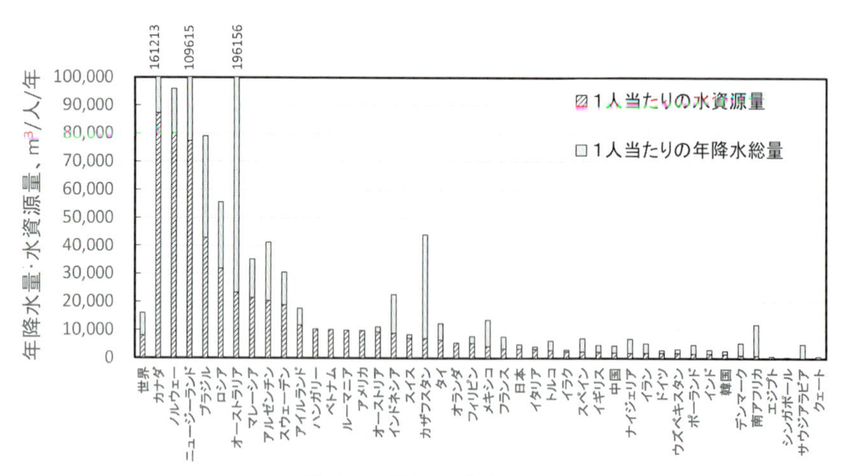

図3.3.4　世界の水資源量

出典：国土交通省HP「行政関係資料」(2014年) をもとに作成

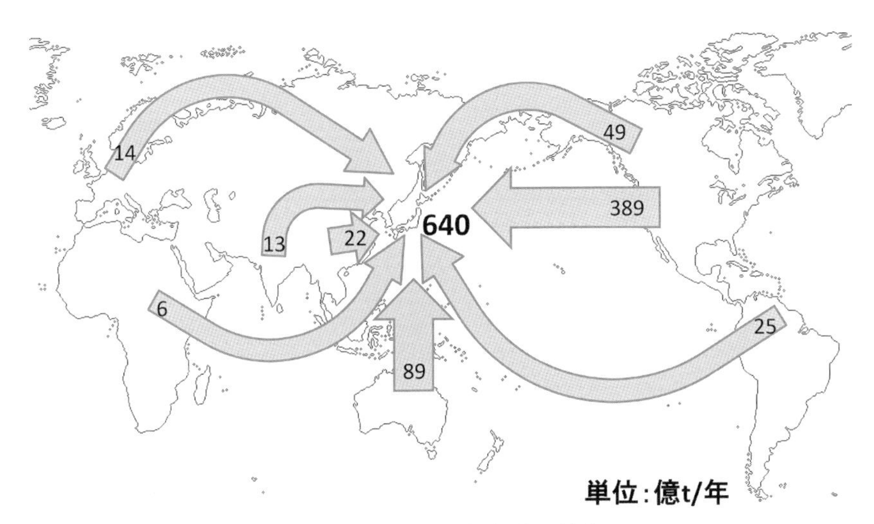

図3.3.5　日本への仮想水の流れ

『日本の水資源』（国土交通省，2014年）をもとに作成．

3.4　減少が著しい森林資源

地球上の森林の面積が減少している．人間の活動域が広がり，どんどん森林が伐採されているのがその理由である．森林は光合成によって地球に酸素を供給している．特に，赤道付近の熱帯雨林地帯は日射量も多く，雨量も多いため，植物の光合成が盛んで，地球に多くの酸素を供給している．アマゾン川流域に広がる世界最大の熱帯雨林は，地球の酸素量の３分の１を供給しているといわれている．同時に，森林は地球の環境を保全し，多様な生物をはぐくむ地球のゆりかごである．

世界の森林資源は40億3000万 ha であり，先進地域に46%，開発途上地域に54%分布している（表3.4.1）．

途上国の開発が進むにつれて，森林の開拓が進んでおり，年558万 ha の森林が消滅している．とくに，アマゾン川流域，東南アジアの大陸・諸島地域，中央・南アフリカ地域，中央アメリカ地域の減少が著しい

表3.4.1　世界の森林面積とその変化

地域	森林面積 2010年 (1000 ha)	土地面積に占める割合 (%)	森林面積の変化 2005～2010年の年平均	
			森林面積 (1000 ha/年)	変化率 (%)
アフリカ	674419	23	−3410	−0.50
東部・南部アフリカ	267517	27	−1832	−0.67
北部アフリカ	78814	8	−41	−0.05
西部・中央アフリカ	328088	32	−1536	−0.46
アジア	592512	19	1693	0.29
東アジア	254626	22	2557	1.04
南部・東南アジア	294373	36	−991	−0.33
西部・中央アジア	43513	4	127	0.29
ヨーロッパ	1005001	45	770	0.08
北部・中央アメリカ	705393	33	19	n.s.
カリブ	6933	30	41	0.60
中央アメリカ	19499	38	−249	−1.23
北アメリカ	678961	33	228	0.03
オセアニア	191384	23	−1072	−0.55
南アメリカ	864351	49	−3581	−0.41
世界合計	4033060	31	−5581	−0.14

「世界森林資源評価」（2010年，FAO）をもとに作成.

（図3.4.1）．2005年から2010年の間に森林減少面積が大きかった国は，ブラジル（219.4万 ha/年），オーストラリア（92.4万 ha/年），インドネシア（68.5万 ha/年），ナイジェリア（41万 ha/年），タンザニア（40.3万 ha/年），ジンバブエ（32.7万 ha/年），コンゴ（31.1万 ha/年），ミャンマー（31万 ha/年），ボリビア（30.8万 ha/年），ベネズエラ（28.8万 ha/年）である.

一方，この5年間に森林面積の増加が大きかった国は，中国（276.3万 ha/年），アメリカ合衆国（38.3万 ha/年），スペイン（17.6万 ha/年），インド（14.5万 ha/年），ベトナム（14.4万 ha/年），トルコ（11.9万 ha/年），イタリア（7.8万 ha/年），ノルウェー（7.6万 ha/年），ブルガリア（5.5万 ha/年），

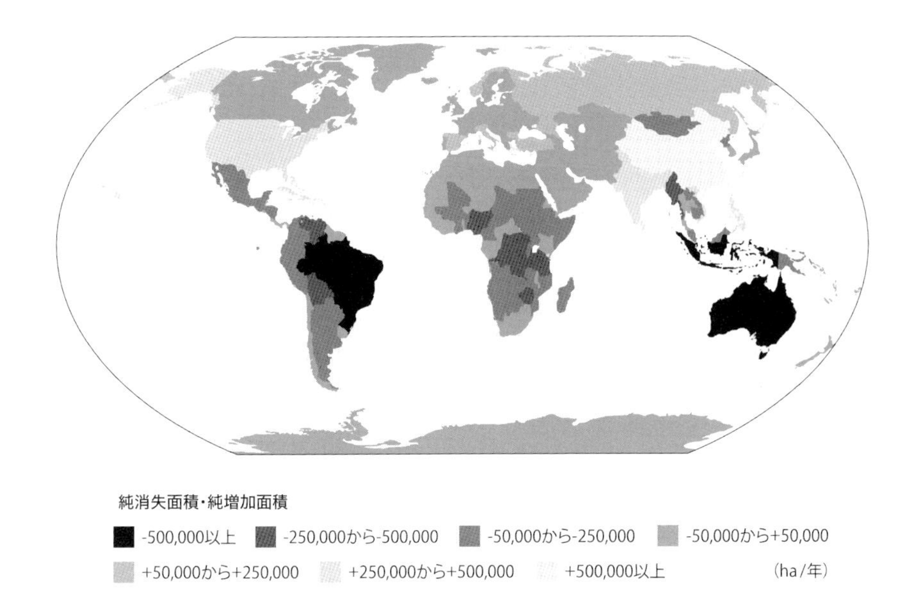

図3.4.1　地球の森林資源の変化（2005～2010年）

「世界森林資源評価」（2010年，FAO）．

フランス（4.8万 ha/年）である．

日本の森林面積は2497.5万 ha（国土面積の69%）であり，2005年から2010年の間に9000 ha/年増加した．

3.5　増えるゴミとゴミ問題

廃棄物は，国によって若干分類の違いはあるが，家庭から出され，主に行政が処理・処分を行う一般廃棄物と，事業活動によって発生し，事業者が処理・処分を行う産業廃棄物がある．世界の廃棄物量は104.7億 t（一般廃棄物18.4億 t，産業廃棄物86.3億 t〈2010年〉）であり，増加の一途をたどっている（図3.5.1）．とくに，アジア地域での増加が著しい．増え続ける廃棄物量は2050年に223.1億 t（一般廃棄物30.9億 t，産業廃棄物192.2億t）に達すると予想されている．

一般廃棄物の処理は（図3.5.2），資源化処理，あるいは堆肥化して再利用する場合と，埋め立てによる最終処分に大きく分けられる．最終処分は，廃棄物を直接埋め立て処分する場合と，焼却などの中間処理を施し，減容化，無害化した後に埋め立て処分する場合とに分けられる．廃棄物は大気汚染，水質汚濁，土壌・地下水汚染や健康被害の原因となることが多く，その処理，処分には適正な手法と管理が必要であるが，国によって処理・処分の内容，程度はさまざまである．日本は，資源化するもの以外，ほとんどの廃棄物が，焼却処理などの中間処理を施して最終処分されているが，世界的にみると，直接埋め立て処分されている場合が多い（図3.5.3）．世界中に物資がいきわたり，適正な処理・処分の能力がない地域にまで様々なものが持ち込まれており，国際的な対応が求められている．

日本の廃棄物量は一般廃棄物約4500万t（2012年）であり（図3.5.4），国民1人当たり1日の排出量は922gである．産業廃棄物は約3.8億tである（図3.5.4）．一般廃棄物の量は循環型社会形成推進基本法（2000年）の施行以降減少している．一般廃棄物の70%以上は焼却処理されており，最終処分量は460万t（11%）である（図3.5.5）．産業廃棄物の量は1990年以降4億t前後で推移している．産業廃棄物は半分以上が再生利用されており，最終処分量は1240万t（3%）である（図3.5.6）．一般廃棄物と産業廃棄物を合わせた最終処分量（埋め立て量）は1700万t（2011年）であり，循環型社会形成推進基本法が施行（図3.5.7）された2000年の5400万tから大幅に減少している．プラスチック，ペットボトル，アルミ缶などの容器包装，家電製品，建設廃棄物，食品廃棄物，自動車など，それぞれのリサイクル法が施行（図3.5.7）され，再資源化が進んだことがその理由である．

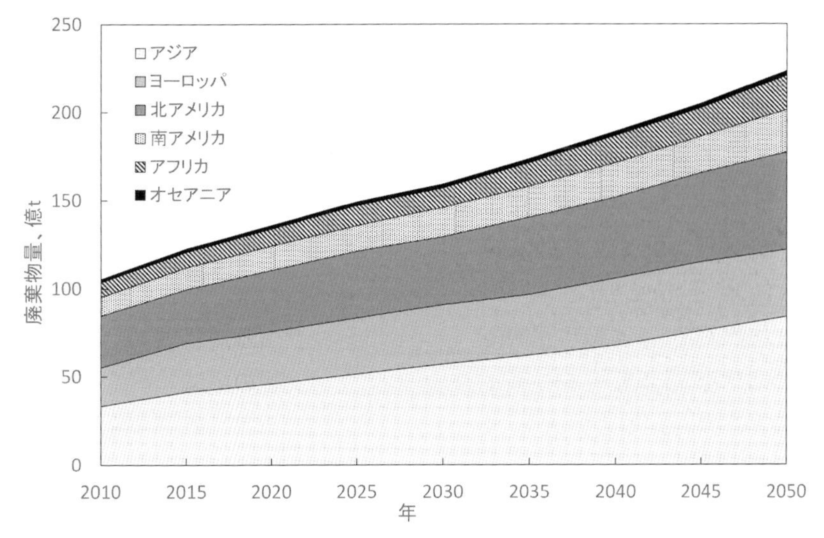

図3.5.1　世界の廃棄物量累計

廃棄物工学研究所（2011年）をもとに作成.

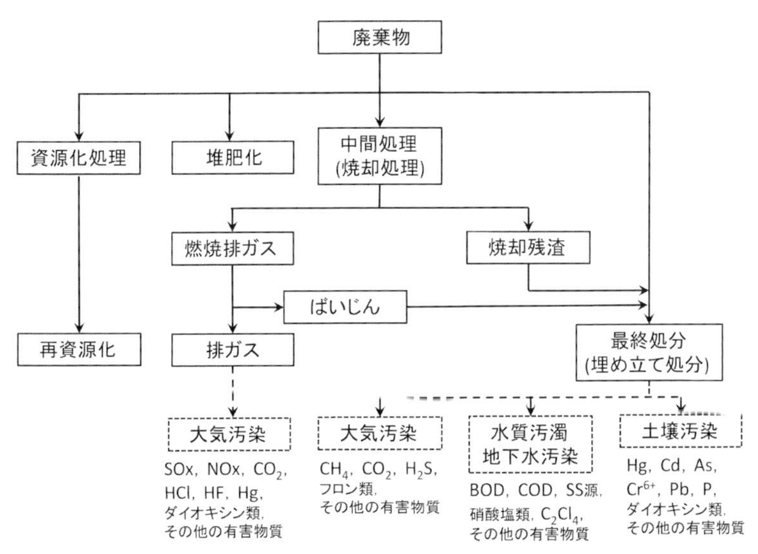

図3.5.2　廃棄物処理の流れと環境汚染

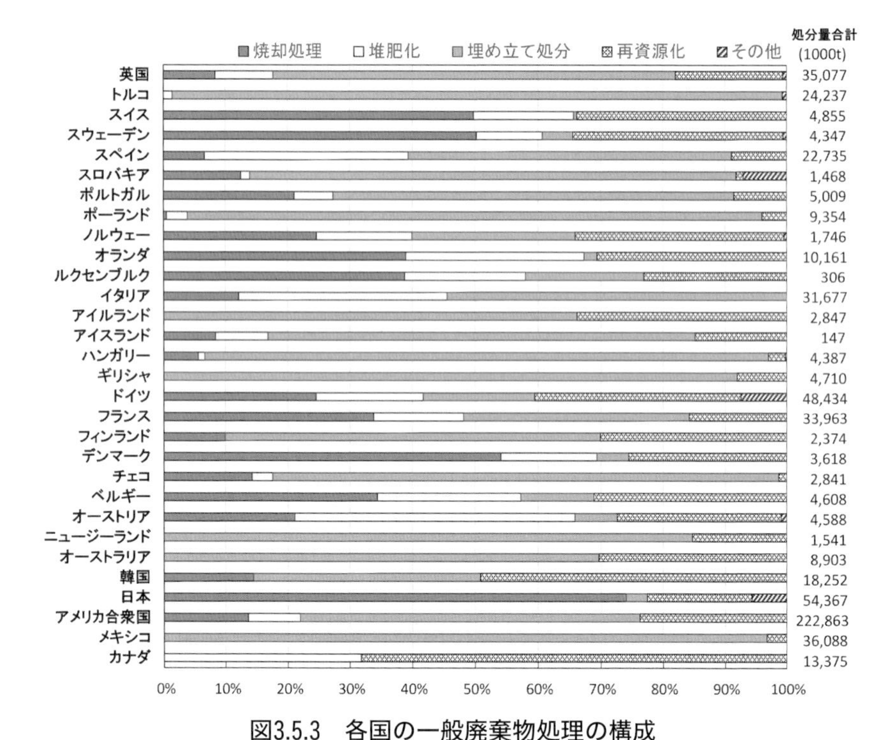

図3.5.3　各国の一般廃棄物処理の構成

出典：OECD Environmental Data Compendium 2006をもとに作成

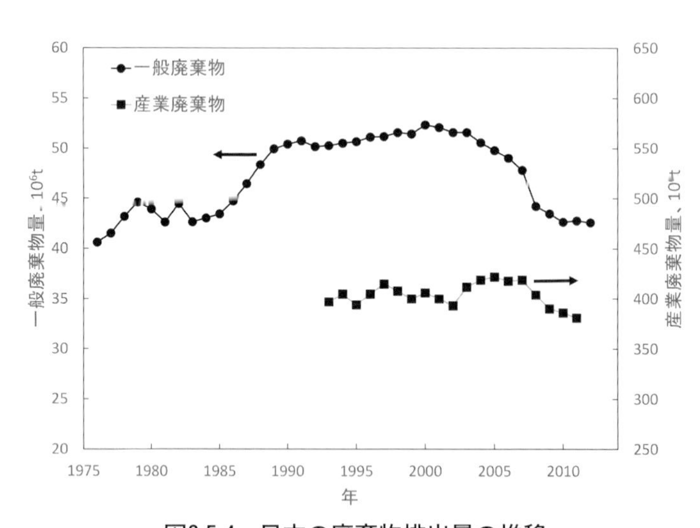

図3.5.4　日本の廃棄物排出量の推移

「環境・循環型社会・生物多様性白書」（平成25年度版，環境省，2013年）をもとに作成.

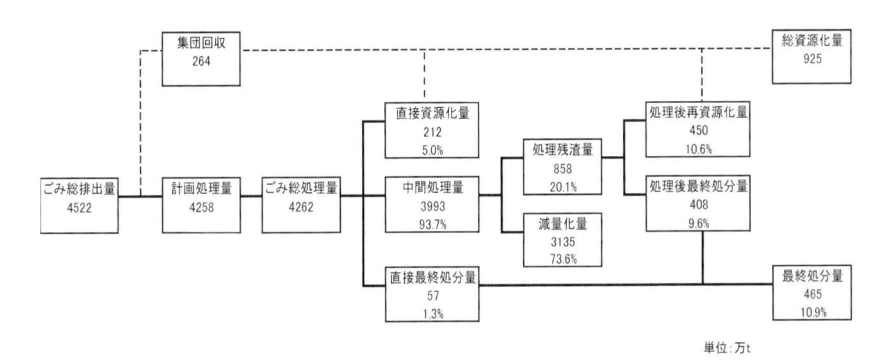

図3.5.5　日本の一般廃棄物処理フロー（2012年度）
「環境・循環型社会・生物多様性白書」（平成25年度版，環境省，2013年）をもとに作成．

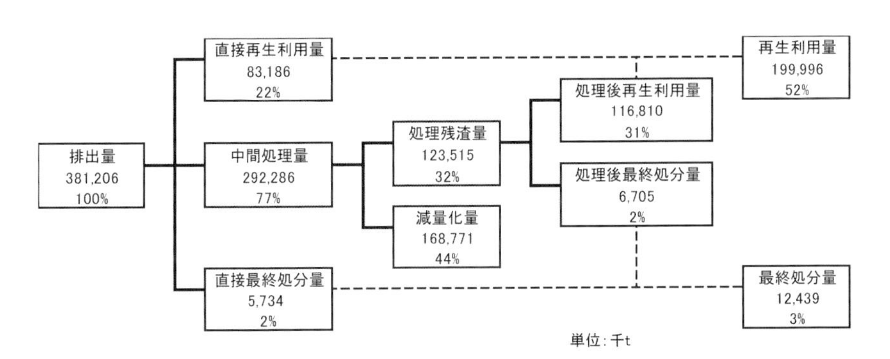

図3.5.6　日本の産業廃棄物処理フロー（2011年度）
「環境・循環型社会・生物多様性白書」（平成25年度版，環境省，2013年）をもとに作成．

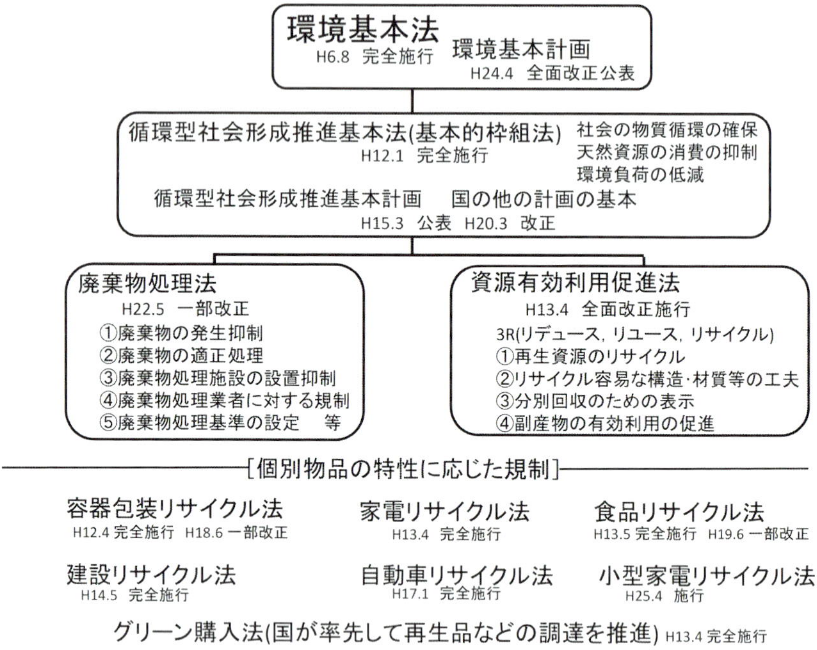

環境基本法
H6.8 完全施行
環境基本計画
H24.4 全面改正公表

循環型社会形成推進基本法(基本的枠組法)
H12.1 完全施行
社会の物質循環の確保
天然資源の消費の抑制
環境負荷の低減
循環型社会形成推進基本計画　国の他の計画の基本
H15.3 公表 H20.3 改正

廃棄物処理法
H22.5 一部改正
①廃棄物の発生抑制
②廃棄物の適正処理
③廃棄物処理施設の設置抑制
④廃棄物処理業者に対する規制
⑤廃棄物処理基準の設定　等

資源有効利用促進法
H13.4 全面改正施行
3R(リデュース, リユース, リサイクル)
①再生資源のリサイクル
②リサイクル容易な構造･材質等の工夫
③分別回収のための表示
④副産物の有効利用の促進

[個別物品の特性に応じた規制]

容器包装リサイクル法
H12.4 完全施行 H18.6 一部改正

家電リサイクル法
H13.4 完全施行

食品リサイクル法
H13.5 完全施行 H19.6 一部改正

建設リサイクル法
H14.5 完全施行

自動車リサイクル法
H17.1 完全施行

小型家電リサイクル法
H25.4 施行

グリーン購入法(国が率先して再生品などの調達を推進) H13.4 完全施行

図3.5.7　循環型社会形成推進に関する法体系

「環境・循環型社会・生物多様性白書」(平成25年度版, 環境省, 2013年) をもとに作成.

4．地球環境の形成と文明の発達

4.1　地球環境の形成と人類の進化

(1) 宇宙の始まりから生命の誕生まで

今から約138億年前，ビッグバンによって宇宙が誕生したといわれている．宇宙は，その後，高温，高密度の状態から膨張し続け，冷えながら，数十万年かけて原子が作られた．宇宙に存在する水素を主体とする希薄なガスは，数億年かけて集まり，収縮すると，核融合反応が始まり，光輝く星が誕生する．核融合反応により，より重い元素が生成すると，収縮が速まり，さらに周りのガスや物質をひきつけ，星の質量が増加していく．質量の増加は星の温度をさらに高め，最後は大爆発（超新星爆発）を起こし，破片が宇宙に飛散して約100億年の星の一生が終わる．元素番号の大きな元素（周期律表で鉄より原子番号の大きい元素）はこの超新星爆発の時にできたと考えられている．これらの破片と宇宙に漂うガスは再び集まって収縮をはじめ，新しい星が誕生する．地球を構成する元素の中には原子番号の大きい元素が多いことから，地球は第一世代の星が超新星爆発を起こした後に誕生したことがわかる．

今から46億年前に太陽系が誕生し，地球も太陽系の一つの惑星として生まれた（表4.1.1）．誕生した原始地球は，周りの隕石や微小惑星との衝突を繰り返しながら大きくなっていった．その表面は無数の隕石や微小惑星が衝突したときに発生した熱で高温となり，溶けた溶岩（マグマ）で覆われていた．45億5000万年前，火星ほどの大きさの原始惑星（テイア）が衝突したという説がある．ジャイアントインパクト説である．砕けた破片は集まって月になり，核を形成していた鉄はマグマの中に沈んでいき，地球の核と融合した．大量の鉄を取り込んだ地球の核は

表4.1.1　地球の誕生と生命の進化

年代（億年前）			出来事	生物の進化
46	冥王代		原始地球の誕生	
			微小惑星の衝突とマグマの海	
			原始惑星（テイア）の衝突．月の誕生	
40	太古代			
			最古の生命化石	
			地球磁場強度の増加	↑ 原核生物
30			ストロマトライトの出現	
			シアノバクテリアの大量発生	
25	原生代			
			大気中酸素の増加	
			全球凍結	
			真核生物の出現と細胞進化	
20			現存する最古で最大の小惑星衝突	↑ 真核生物
			最初の超大陸（ヌーナ大陸）出現	
10				
			超大陸（ロディニア大陸）誕生	
			多細胞生物の出現	
			光合成が盛んになり，大気中の酸素濃度が増加	↑ 多細胞生物
			全球凍結	
6	顕生代	古生代	大型生物群の出現（エディアカラ動物群）	
			海洋生物の爆発的進化	
			魚類の出現	
5			動物群の多様化	
			大量絶滅	
			植物の上陸	
4			大気中酸素の急増	
			脊椎動物の上陸	
			大量絶滅	
3			爬虫類の出現	
			パンゲア大陸の形成	
			（ローレンシア大陸，バルティカ大陸，ゴンドワナ大陸，シベリア大陸が衝突）	
		中生代	**大規模な火山活動による史上最大の大量絶滅**	
			生物界の再編	
			最古の哺乳類（アデロバシレウス）の出現	
			大量絶滅	
2			パンゲア大陸の分裂が始まる	
			鳥類（始祖鳥）の出現	
1			もっとも温暖な地球．海洋貧酸素事件	
			小天体の衝突による大量絶滅．恐竜の絶滅	
		新生代	哺乳類の多様化	
			霊長類の出現	
0.5				
0.3			最古の類人猿と思われる化石	
			ヒマラヤ・アルプス山脈の形成始まる	
0.2			ヒト科とテナガザル科が分岐	
			ヒト科とオランウータン科が分岐	
0.1			アフリカでグレート・リフト・バレーの形成が始まる	
			（人類の誕生に大きな影響を与えたとする説がある）	

磁気シールドを形成し，地球の表面を宇宙線の荷電粒子から守った．これは，将来生まれる生命体にとって好条件を与える結果となった．地球表面のマグマは数億年かけてゆっくりと冷え，岩石ができていった．地球に衝突した隕石や微小惑星に含まれていた揮発性の物質は高温状態の中で揮発し，原始地球の大気を形成した．その主成分は窒素，二酸化炭素，アンモニア，水と考えられている．さらに地表が冷えると気体の水は凝縮して液体となり，海が生まれた．40億年前のことである．海は硫黄（硫酸）を含んでいたため強酸性だったが，周りの岩石を溶かし，溶けだしたアルカリ物質によって原始の海は徐々に中和された．海が中和されると，大気中の二酸化炭素が海水に吸収され，炭酸カルシウムとして沈殿し，石灰石として堆積していった．二酸化炭素が海に吸収されると，大気中の濃度が減少して温室効果がうすれ，地表の温度はさらに低下した．およそ40億年前，地球に隕石の落下が激しくなった時期があったと考えられている．隕石に含まれていた物質が大量に地球に持ち込まれた．生命のもとになるアミノ酸もこの時に地球に持ち込まれたと考えられている．しかし，最初の生命が，いつ，どのようにして生まれたのかは正確にわかっていない．生命の最古の化石は38億年前の堆積岩の中から見つかっている．

⑵ 生命の進化と陸上進出

光合成をする生物（シアノバクテリア）の出現は約35億〜27億年前といわれている．約25億年前には地球の磁場が出来上がり，荷電粒子の宇宙線が地球に侵入できなくなったことで光合成藍藻類が大量繁殖し，水中や大気中の酸素雰囲気ができ始めた．酸素雰囲気は生物界に大異変をもたらした．酸素は反応性に富み，生体内で有害な過酸化物を生成するため多くの生物が死に絶え，生体内で過酸化物を無害化する能力を獲得した生物だけが生き延びることができた．大気中の酸素濃度が高くなると，それまで大気中に多く存在していたメタンが分解され，メタンの温室効果が薄れ，地球の温度が急速に低下した．24億～22億年前，地球全体が凍結し，大半の生物が絶滅した．約21億年前，原始的な真核生物が誕生した．遺伝子を核の中に収めた生物が生まれたことで遺伝情報の伝達が確実になり，mRNA への転写，翻訳が多彩になることで，進化が速く，そして多様になり，細胞内共生も可能になった．酸素を使って呼吸する生物が出現したのは約20億年前である．酸素を使うことでより多くのエネルギー（アデノシン－3－リン酸〈ATP〉）を産生できるようになった．一方，酸素を使えない生物は酸素を使って呼吸する生物（ミトコンドリア）を自らの体内にとりこむことで，環境に適応していった．

多細胞生物が出現したのは約８億年前といわれている．多細胞に進化することで，個体の大型化，機能分化，有性生殖が可能になり，さらに多様な進化を遂げていった．この頃から，光合成生物の繁殖が盛んになり，大気中の酸素濃度が急激に増加し始め，同時に二酸化炭素の濃度が減少し始めた．大気の温室効果が低下し，２回目の全球凍結が起こった（８億～６億年前）．地球全体が－50℃以下になり，海水も凍結した状態が数百万年以上続き，生物のほとんどが死滅した．火山の噴火などで再び大気中の二酸化炭素濃度が上昇し，温暖化で全球凍結した地表が解けたが，それだけにとどまらず，大規模な気候変動が発生し，大洪水が発生した．生き残った生物は大洪水で各地の水系に拡散し，同時に全球凍結の間に蓄積された豊富な栄養分を利用し，大繁殖が起こった．殻や骨を持った生物が現れたのもこの頃である．化石が見つかるようになる．これ以前の生物は殻や骨を持たないため化石が残らなかった．化石時代の始まりである．生物が陸上に進出できたのは約５億年前である．大気中の酸素濃度の上昇でオゾン層ができ，太陽からの紫外線が地表に届かなくなったためである．まず植物が地上に生育し，植物を食糧とする動物が陸上に進出する環境を整えていった．リグニンを作り出せるようになった樹木は太陽の光を求めて上へ上へと伸びていき，やがて，鬱蒼と生い茂った森ができた．大気中の酸素濃度も，動物が陸上に進出する頃には35％にまで上昇した．動物が陸上に進出したのは３億6000万年前，昆虫が誕生したのは３億3500万年前である．植物の有性生殖を助ける大事な役目を果たすようになる．

⑶ 超大陸の出現と大量絶滅

２億5000万年前，４大陸（ローレンシア大陸，バルティカ大陸，ゴンドワナ大陸，シベリア大陸）が衝突して，巨大なパンゲア大陸が形成された．パンゲア大陸は赤道をはさんで三日月形に広がっていた．巨大なパンゲア大陸の出現によって気候が変化する．激しい季節風が吹き，内陸には暑く乾燥した台地が広がった．生物も乾燥した大地に適応していった．種をつける植物，殻のある卵を産む動物は乾燥した大地でも子孫を残すことができるようになった．哺乳類型爬虫類が現れたのもこの頃である．一方，浅く広大な三日月部の内海テチス海では，多くの海洋生物が繁殖した．ほぼすべての大陸が地続きであったため，動植物の拡散・移動が促進され，これまで，それぞれの大陸で進化してきた動植物がほかの種とつながった．２億4500万年前に今のロシア北部で大規模な火山活動が起こり，大量の二酸化炭素が大気中に放出された．大規模な噴火の跡は，「シベリアントラップ」という玄武岩の巨大な塊として残っている．急激な地球温暖化で海水温が上昇し，海水中のメタンガスも大気中に放出された．空気中の酸素濃度が10％にまで低下し，生物の95％が絶滅した．史上最大の大量絶滅といわれている．この環境変化は８万年以上続いた．環境変化への適応力を持っていた生物だけが生き残ることができた．このとき，恐竜と鳥は肺の形が特殊なため酸素の濃度が低い環境でも生き延びることができた．生き延びた恐竜は，その後，繁栄をつづけ，１億8000万年の間，陸を支配した．

パンゲア大陸は２億年前頃から再び分裂をはじめ，１億8000万年前に南北に分離し，北はローラシア大陸，南はゴンドワナ大陸になった．

ローラシア大陸は，現在の北アメリカ大陸とユーラシア大陸に分裂した．ゴンドワナ大陸は，現在のアフリカ大陸，南アメリカ大陸，南極大陸，インド亜大陸，オーストラリア大陸に分裂した．パンゲア大陸の分裂によって気候が変化する．当時，二酸化炭素濃度は3000 ppm くらいあり，温暖化が進んでいた．大陸の分断が進むと，雨が降るようになり，陸地に沼や河川ができた．恐竜にとっては生息地が細分化され，狭くなった生息地の中で生存競争が激しくなり，個体数を減らしていった．

6500万年前に，直径10 km の巨大隕石がメキシコ・ユカタン半島先端に衝突した．粉じんと酸性の雲が地球を覆い，太陽からの熱と光が遮断され，急激な気温低下が起こった．植物の枯死が起こり，恐竜を含む生物の70％が死滅した．

⑷ ヒマラヤ山脈とアルプス山脈の出現

インド亜大陸は，１億3500万年前頃にゴンドワナ大陸から分裂し，9000万年前にアフリカ大陸と分かれて，年に15 cm の速さで北上した．4000万年前頃にユーラシア大陸に衝突する．インド亜大陸はその後も年に５cm の速さで移動し，ユーラシア大陸を押し上げ，今のヒマラヤ山脈を形成した．ヒマラヤ山脈は年に４〜５cm ずつ隆起し，1500万年前には今の山脈の基本的な形ができたといわれている．ヒマラヤ山脈の形成よって，アジアモンスーン気候が生まれ，西南アジアから北アフリカにかけて乾燥化が進んだ．さらに，この気候変化は，東アフリカ地域にもゆっくりとした乾燥化を引き起こし，植生が森林から草原や湖などが入り交じった生態環境へと変化していった．この変化は草食動物や肉食動物群の進化を促し，人類の起源に大きな影響を及ぼしたといわれている．

インド亜大陸と分かれたアフリカ大陸もユーラシア大陸に向かって北上する．2000万年前にはアフリカ大陸とユーラシア大陸の間にあったテチス海が狭まり，陸橋ができた．テチス海は今の地中海，黒海とカスピ海になった．その後，アフリカ大陸はヨーロッパ方向に移動し，600万年前頃にはスペイン南部にまで近づいた．この移動によって，地中海を取り囲む山脈が形成された．530万年前，スペインとモロッコの間にあった山脈が崩れ，大西洋の海水が地中海に流れ込み，今の地中海ができた．

この頃から地球は寒冷化が進む．3500万年前から地球は氷期に入っていた．前回の氷期の終わりから２億5000万年たっており，この間は比較的温暖な気候が続いていた．ゴンドワナ大陸から分裂した南極大陸が南極に移動し，南極海の水によって冷やされたためである．南極大陸に厚さ2700 m の巨大な氷床ができた，これによって，海水の平均温度は10℃低下した．

⑸ 人類の誕生

恐竜が生きている時代，哺乳類は，夜行性で，せいぜいネズミやリス程度の大きさしかなく，主に昆虫を食べていた．卵を産むと恐竜に食べられるため，子供を胎内で育ててから産むように進化した．餌をとりに巣を出なくても子育てができるように母乳を分泌するようになり，体を温めるために体毛も発達した．恐竜が絶滅した後，およそ300万年かけて，イヌ程度の大きさになり，500万年後にはさまざまな大きさに進化した．3500万年前までには多様な哺乳類が生まれた．

パンゲア大陸の分裂によって，哺乳類はそれぞれの大陸で進化していった．ウマの祖先は北アメリカ大陸で進化し，300万年前に，陸橋を通ってアラスカからシベリアにわたり，アジアに到達した．カンガルーなどの有袋類は，大陸がまだつながっていた5500万年前に南アメリカ大陸から南極大陸を経由してオーストラリアに到達した．サルは4800万年前にアフリカで生まれ，西に向かったサルは2500万年前に南アメリカ大陸に，東に向かったものは1800万年前にアジアに到達している．我々の先祖に当たる類人猿は，アジアにいたサルの一部が，およそ1000万年前に再びアフリカに戻り，ゴリラに進化した．

直立二足歩行を始めた最古の人類は約700万年前のサヘラントロプス・チャデンシスである（表4.1.2）．遺伝子による解析によれば，ヒト亜属がチンパンジー亜属と分かれたのは，約500万年前のアフリカ南東部と推定されている．サルは森林に住み，樹上で生活し，雑食だが，果実を主食としていた．700万年前頃からアフリカ南東部の乾燥化が進み，森林が後退したため，陸上での生活を始めたグループが現れた．人類最古の全身骨格は，440万年前のラミダス猿人（アルディピテクス・ラミダス）である（図4.1.1）．2009年にエチオピア東部で発見された．アルディと呼ばれている．アルディは二足歩行に適した骨盤をしているが，足には土踏まずがない．足の親指は物をつかめる形状（拇指対向性）をしていることから，陸上と樹上の両方で生活をしていたと考えられている．1974年にエチオピア北部で発見されたルーシーは，320万年前のアウストラロピテクス・アファレンシスの全身骨格である．ルーシーの足には土踏まずがあり，拇指対向性はなくなっている．しかし，長い腕と短い足，物をつかめる湾曲した足の指など，類人猿の特徴も残っていることから，夜は樹上で寝ていた可能性がある．人類が洞穴生活を始めたのは300万年前といわれている．火はまだ使われておらず，安全な樹上での生活と主食の果実を失った祖先の生活は非常に厳しかったと想像される．この頃から脳が発達し始めた（図4.1.2）．最古の石器は260万年前のオルドバイ渓谷の遺跡（東アフリカ）から発見されている．

脳が大きくなると大量のエネルギーが必要になる．脳の基礎代謝量は筋肉の16倍あり，しかも，脂質は受け付けず，エネルギー源は基本的にブドウ糖だけである．脳には常に酸素とブドウ糖が供給されなければ，細胞が死んでしまう．脳の細胞は一度死ぬと再生しない．カロリーの低い草を食べる草食動物，毎日，獲物がとれるとは限らない不安定な

表4.1.2　人類の進化

年代(万年前)	気候変動	人類の進化	備考
1000	アフリカ南東部の乾燥化進む(700万年前)	直立二足歩行を始める（サヘラントロプス・チャデンシス）	
500		ヒト亜族がチンパンジー亜族と分岐（487±23万年前）	アルディビテクス・ラミダスの全身骨格化石（エチオピア・アファール盆地）（440万年前） アウストラロピテクス・アファレンシスの全身骨格化石（エチオピア・バダール遺跡）(320万年前)
300	寒冷化（氷期に入る）	洞窟生活を始める ホモ・ハビリス（240万〜140万年前）（南・東アフリカに出現）	最古の石器（260万年前）(オルドバイ渓谷・東アフリカ)
200	ビーバー氷期（200万年前）	ホモ・エレクトス（180万〜7万年前） ホモ・エレクトス　出アフリカ（175万年前以前）	ドマニシ遺跡（グルジア）でホモ・エレクトスの化石発見（175万年前） ジャワ原人化石（インドネシア）
100	ドナウ氷期（100万年前） ギュンツ氷期（70万年前）		火を使用した痕跡（79万年前）(ゲシャー・ベノット・ヤーコブ遺跡〈イスラエル〉)
50	ミンデル氷期（50万年前） リス氷期（25万年前）	ネアンデルタール人（25万〜３万年前） 主に，ヨーロッパに居住 ホモ・サピエンス（20万年前〜）	ネアンデルタール人とホモ・サピエンスは66万〜47万年前まで遺伝子を共有 ミトコンドリア・イヴ（16±４万年前）
10	トバ火山噴火（7.4万年前）(地球の気温５℃低下．寒冷化は6000年続く)	総人口が１万人以下にまで減少 ホモ・サピエンス　出アフリカ(6.3万年前)	人類の遺伝子的多様性が失われる Y染色体アダム（６万年前）
5			
2	最寒冷期（2.1万年前），海面が120m低下 亜間氷期（アレレード期）(1.46万〜1.29万年前) 氷期（ヤンガー・ドリアス期）(1.29万〜1.15万年前)（10年で7.7℃以上気温低下）	定住生活始まる（1.4万年前） 農耕始まる（1.3万〜1.1万年前） 農業主体の村落形態がみられる（オリエント地方）（1.15万年前）	土器の製作始まる（1.6万年前）（中国，日本で土器が出土） 温暖化とともに広葉樹林の森林拡大，定住型土器文化発達 イネの栽培種発見（長江地域〈中国〉） ライムギの栽培種発見（アブ・フレイア遺跡〈シリア〉）(1.3万年前)
1 0.5	ハドソン湾イベント（8200年前） (寒冷化により北米・アフリカ・アジアに急激な乾燥化が発生) 最温暖期（7000〜5000年前）北極付近４℃以上上昇，世界平均で今より0.5〜２℃温暖，海面今より３〜５m高い	銅石器時代へ移行（メソポタミア）(7500年前) ４大文明発祥	カボチャ，トウモロコシ，ヒョウタンの栽培種発見（中南米）(1.0万〜0.7万年前)

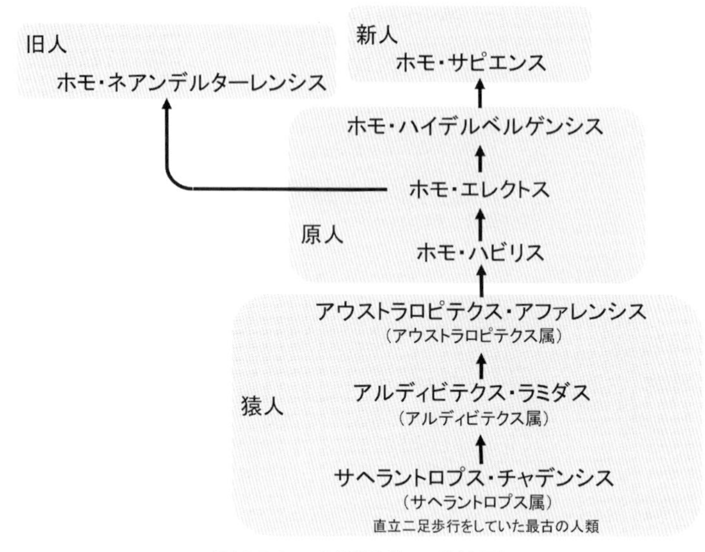

図4.1.1　人類進化の系統図

馬場悠男『人間性の進化』（日経サイエンス，2005年）をもとに作成.

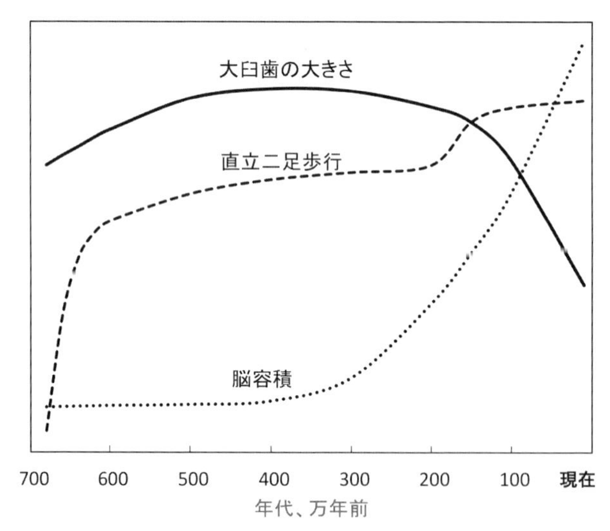

図4.1.2　人類の脳の発達と二足歩行

馬場悠男『人間性の進化』（日経サイエンス，2005年）をもとに作成.

生活をする肉食動物が，脳を大きくするのに必要なエネルギーを摂取するのは困難である．唯一できたのが果実を食べる類人猿だった．果実は草に比べるとカロリーが高く，しかも，効率よくブドウ糖を産生できる．チンパンジーの脳の容量は350〜400 cm^3であり，ラミダス猿人やアウストラロピテクスの脳も同程度の大きさであった．

⑹ 原人と旧人

最初のヒト属はホモ・ハビリスと呼ばれ，240万年前の化石が東アフリカで発見されている．直立歩行をし，いろいろな道具（石器）を使用していたことがわかっている．ホモ・ハビリスの身体的な大きさはアウストラロピテクスとほぼ同じ（身長１〜1.3 m，体重男37 kg，女32 kg）で，後続のヒト属に比べると大きな臼歯を持っている．アウストラロピテクスと同じように，木の葉や実を食べていたとみられている．脳の容量は612 cm^3あり，アウストラロピテクスの1.5倍に大きくなっている．高カロリーの肉食が増えたためとみられている．しかし，足が遅く，犬歯も退化した丸腰のホモ・ハビリスには十分な狩りができず，肉食獣が食べ残した肉や骨の髄液を啜っていたと考えられている．

北京原人，ジャワ原人はホモ・エレクトスと呼ばれ，180万〜40万年前である．アフリカでホモ・ハビリスから分化し，アジア，ヨーロッパに広く拡散していった．ホモ・エレクトスはホモ・ハビリスと比べると，身体的な特徴が大きく変化している．脳の容量は最初期で870 cm^3，100万年前には950 cm^3に増大している．身長は1.6〜1.8 m と長身で，体重は56〜66 kg である．臼歯の大きさはホモ・ハビリスから20％も小さくなっている．顎も小さくなっており，柔らかく，高カロリーのものを食べていたと想像される．胸郭，骨盤が狭く，肩や腕，体幹はもはや木登りへの適応を失っている．火の使用が始まり，狩猟や採取などの活動をし，社会構造の芽生えや言語の発達があったと推測されている．

火の使用は人類が資源を化学的に活用して生産活動を行った最初の事

例である．しかし，人類がいつごろから火を使い始めたのかは，よくわかっていない．焼けた骨，焼けて変色した土壌や土の塊など，火の痕跡は，100万～150万年前の複数の遺跡から見つかっているが，ヒトがどのように火を使用していたのかはわかっていない．79万年前のイスラエルの遺跡から，焼けた種や木，火打石が発見されている．日常的に火を使用するようになったのは，12万5000年前といわれている．火の使用は，肉食獣の襲撃を防ぎ，さらに，麦，米などの穀物類やイモ類を調理し，肉を焼くことで，効率よくでんぷんやタンパク質を摂取できるようになり，身体と脳の発達を促した．

旧人類のネアンデルタール人は25万～3万年前に生存していた．ホモ・エレクトスから分化し，主にヨーロッパに分布した．

⑺ 新人の出現と大移動

アフリカに残ったホモ・エレクトスから分化したホモ・ハイデルベルゲンシスの中で，化粧をし，ネックレスなどの装飾品をつくり，絵画を描き，儀礼を行うなど，抽象的思考を進化させた集団が我々の子孫（ホモ・サピエンス）である．遺伝子をたどると，ホモ・サピエンスは約20万年前のアフリカの一集団（コロニー）に行き着く．当時は，血縁関係で結ばれたごく限られた人数の集団を形成して生活していたとみられ，その集団が現生人類の最も近い女系共通祖先（ミトコンドリア・イヴ）と考えられている．

7万4000年前，ホモ・サピエンスに最大の試練が訪れた．インドネシアのトバ火山が噴火し，噴煙が地球全体を覆い，気温は5℃低下した．この厳しい気候は6000年続いた．食糧が無くなり，数万人にまで増えていたホモ・サピエンスの人口は数千人にまで減少した．しかし，この時，ホモ・サピエンスの社会性に大きな変化が生まれた．集団の交流範囲が広まったことである．それは，黒曜石の分布を調べるとわかる．黒曜石は割った時に鋭くとがる性質をもったガラス質の石で，古代から狩猟の道具やナイフ形の石器として利用されていた．黒曜石は特定の場所でしか産出されず，この石の分布状況から，当時の交流範囲を推定することができる．トバ火山噴火前，ソナチという場所から産出された黒曜石は，ほぼ10 kmの範囲から見つかっている．当時のヒトはこの範囲で交流関係を持っていたと考えられる．トバ火山噴火後，黒曜石は70 km離れた場所からも見つかった．トバ火山噴火後の寒冷化で厳しい生活が続いているとき，人々は情報交換に集まり，その時に贈り物を持ち寄ったと想像される．贈り物は友人関係を象徴する役割を持っている．贈り物の装飾品をたくさん身に着けている人は人間関係が豊かで，助けてくれる人が多い．幅広い情報網を駆使して助け合った集団がこの厳しい時代を生き延びたのだと考えられている．この試練をきっかけに，生き残ったホモ・サピエンスは集団同士の幅広い交流網を持つようになる．これは，集団同士ほとんど交流のなかったネアンデルタール人と比べて，進化の速度や環境変化への適応に大きな差が生まれることになる．

アフリカに分布していたホモ・サピエンスの中で北東部（エチオピア，スーダン地域）に住んでいたグループの一部が，約6万3000年前頃にアフリカを出て，地中海東沿岸からメソポタミアのオリエント地方に住みつき，5万年前にはアジア南部，オーストラリア，4万2000年前にはヨーロッパが居住範囲になり，最後の氷期（2万年前）に入ると，ベーリング海峡を渡り，1万3500年前に北米に，1万3000年前に南米最南端に到達した（図4.1.3）．

ホモ・サピエンスが世界中に広がっていったとき，東西には比較的容易に進むことができたが，北に進むには大きな壁があった．それは，肌の色である．私たちはビタミンDを日の光に当たることで産生している．アフリカで進化したホモ・サピエンスは強い日光から身を守るため，皮膚にはメラニンが多く，褐色の肌をしていた．メラニンの多い皮膚は日光が弱い北の地域ではビタミンDを十分に産生できず，オリエン

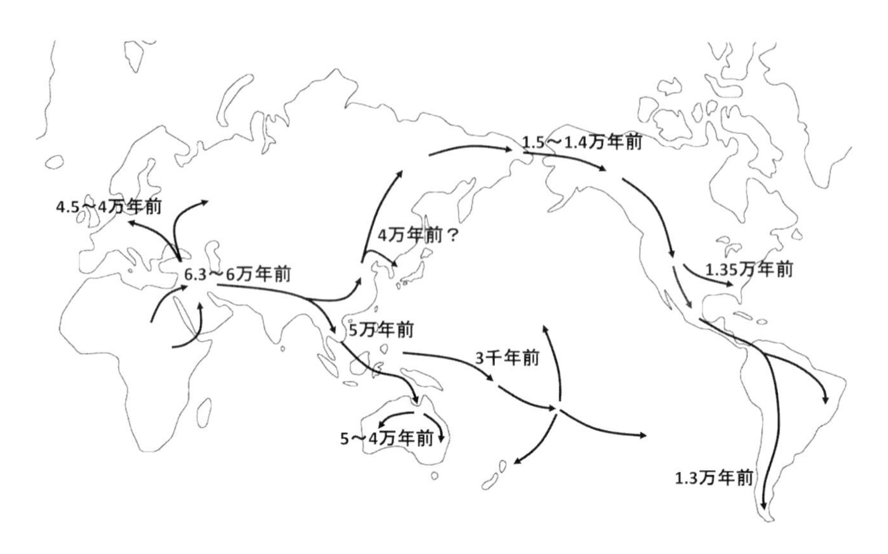

図4.1.3　人類の世界への広がり

国立科学博物館資料，九州大学総合博物館資料，海部陽介『人類がたどってきた道』（NHKブックス，2005年）などをもとに作成．

ト地方に住みついたホモ・サピエンスがヨーロッパに到達するのにおよそ２万年かかっている．

4.2　文明とともに始まったエネルギー問題と環境破壊

⑴ 農耕の始まりと森林破壊

農耕が始まったのは，オリエント地方の肥沃な三日月地帯とされ，１万3000～１万1000年前，ちょうど，氷期（ヤンガー・ドリアス期）に入り，寒冷化と乾燥化が進んだ時期である．麦類の栽培と山羊，羊，牛，豚などの牧畜がおこなわれた．肥沃な三日月地帯とは，エジプト，イスラエル，シリア，トルコ中央部と古代メソポタミア（イラン，イラク）地域をさす．最終氷期が終わり，地球が温暖化してきた１万4000年前頃，この地域は雨量の多い肥沃な地域で，平地には草原が広がり，野生のイネ科の植物が自生していた．山には，ナラとスギの森や，ピスタチオの林が広がっていた．それまで人々は狩猟採集生活をしていたが，地中海東海岸のレバント地方（現在のイスラエル，レバノン周辺）にナトゥーフ人が住みつき，ライ麦やヒトツブ小麦などの野生植物を採取して生活をするようになった．移動する必要がなくなった彼らは泥と粘土を使って小屋をつくり，小さな村で生活をするようになる．この地域には彼らの作った竪穴式住居の集落跡がいくつか発見されている．寒冷期に入り，野生植物が減少したため，それらを栽培し始めたと考えられている．ただし，この頃の農耕は灌漑なしの乾地農法，肥料を与えない略奪農法であったため，数年ごとにほかの土地への移動を繰り返した．また，同じ頃，中国，黄河流域の長江地域で稲作が始まった．

レバント地方で芽生えた農耕技術は水源を求めて，トルコ中央部のハーブル川流域（紀元前6000年頃），そしてチグリス・ユーフラテス川流域（紀元前5500年頃）へと移っていった．チグリス・ユーフラテス川流域にはシュメール人の都市がつくられた．灌漑農業が発達したのは紀元前5000年頃とされている．農業生産が急激に拡大し，大人口の集住が可能になった．紀元前3500年頃になるとメソポタミア南部では銅器，青銅器が発達し，犂（すき），車などの農耕器具が作られ，家畜を利用した農業がおこなわれるようになる．農業生産が飛躍的に向上し，農牧に直接従事しない人（神官，戦士，技術者）が生まれ，組織化，階層化された都市が形成されていった．紀元前3000年頃のことである．文字も生まれ，国家が形成され，文明の発祥へとつながっていった．

都市が形成されると，それを支えるエネルギー資源が必要になる．当時のエネルギー資源は森林の樹木である．肥沃な三角州地帯も河川を通して上流の森林から運ばれる肥沃な土によって支えられている．ナトゥーフ人が定住生活を始める前，レバノン山脈にはナラやスギの森が広がっていた．特に，スギはレバノン杉として，交易品に用いられた．高級木材として取引され，神殿やピラミッドの柱や梁，内装に，香りが高い樹液はミイラづくりに使われた．紀元前5000年には，レバノン山脈東側斜面の比較的低いところに生えているナラの森が破壊され，レバノン杉もユーフラテス川に面したところから姿を消した．紀元前3000年には，レバノン山脈東側斜面の森が消滅し，メソポタミアの都市国家は森林資源の枯渇に直面する．さらに，紀元前3200年頃から，メソポタミア地方は，これまでの湿潤な気候が一変し，急速に乾燥化が進んだ．同時に，集約的に農業を行った結果，表土の塩分濃度が高くなり，作物が育たなくなってしまった．森林資源の枯渇に合わせて，干ばつと塩害が重なり，シュメール人の都市国家は衰退していった．森林の伐採と，それによっておこる災害や国の栄枯盛衰は，シュメールの都市国家ウルクの伝説的な王ギルガメシュと森の神フンババの争いとして，古代メソポタミアの文学作品，『ギルガメシュ叙事詩』に逸話が残っている．

レバノン山脈の西側に当たる地中海東岸でも，紀元前3000年頃から青銅器の精錬が行われ，森林が伐採されていった．さらに，紀元前3000年頃に地中海東海岸のレバノンのあたりに住みついたフェニキア人は，レバノン杉を使って船をつくり，紀元前12世紀～紀元前８世紀にかけて地中海貿易で栄えた．紀元前17世紀から紀元前12世紀にかけてトルコ中部に栄えたヒッタイト帝国の資源を支えたのもレバノン杉である．こうして，紀元前2000～紀元前1000年頃には，レバノン山脈の森林資源は伐採され尽くし，消滅した．

クレタ島は，エジプト文明やオリエント文明の影響を受けながら，地中海貿易の拠点として栄えた．ミノア文明（紀元前20世紀～紀元前14世紀），ミケーネ文明（紀元前15世紀～紀元前13世紀）を支えたのは，島に豊富にあったナラやカシ，マツなどの森林資源である．森林が荒廃すると，土地がやせて穀物が育たなくなり，国は衰退し，ギリシアに滅ぼされた．ギリシアでも，周辺の豊富な森林資源を背景に，ギリシア文明（紀元前８世紀～紀元前338年）が栄えたが，森林資源が枯渇すると国力が衰退し，マラリアや疫病が発生したこともあり，国家が疲弊，滅亡していった．

イタリア，イベリア半島の森林資源を背景に国力を蓄え，地中海を統一したのがローマ帝国である（紀元前6世紀〜紀元476年）．イタリア半島，イベリア半島の資源を使い切ると（紀元前100年頃），資源を求めてアルプスを越えて北部ヨーロッパへ侵攻し，北部ヨーロッパ大陸一帯を占領した．当時の北西ヨーロッパには鬱蒼とした森が広がっていた．最北はイギリス・スコットランドにまで到達している（紀元80年）．ゲルマン民族の大移動（4世紀後半）によって，北ヨーロッパの領土を失うと，資源の供給源がなくなり，国力が低下して内部崩壊し，滅亡していった．

このように，文明の発達は都市や社会構造の発達を促したが，森林の消失，家畜の放牧による緑の消滅，灌漑による塩類の蓄積などに加えて，金属精錬に用いる多量の木の伐採，精錬から発生した排ガスや汚泥による大気汚染や水質汚濁などの環境汚染を招き，結局は国家の衰退を招くことになった．

⑵ 中世ヨーロッパの大開墾時代

西ローマ帝国が滅びた後，900年頃まで，ヨーロッパは混乱した状態が続いた．ゲルマン人に続くノルマン人の移動とイスラムの侵攻に加えて，気候変動による飢饉とペストが発生した．ゲルマン人の移動が始まる前の350年頃2700万人と推定されたヨーロッパの人口は，600年頃には1800万人にまで減少した．

中世ヨーロッパは各地に領主が群雄割拠した時代である．地域の領主，教会を中心とした封建制，荘園制の時代が14世紀まで続いた．

ゲルマン民族はヨーロッパに住みつき，集落をつくり，農業と手工業を発達させていった．やがて，集落は領主を中心とする村落共同体へと発展した．支配権が中央の国王から地方の領主に分割され，封建領主の支配層ができた．封建領主はシンボルの城を建て，その周りに街を築き，農民と手工業者を住まわせた．領主の支配力が強くなり，領主が直営地を設けるようになると，農民に賦役を課すようになり，農奴化していった．封建的村落共同体が出来上がる．1050年頃といわれている．

中世のヨーロッパは農業，手工業，運輸などの分野で，発明や技術改良が進んだ時代である．特に，手工業の発展は目覚ましいものがあり，様々な機械が農業や運輸の分野に導入された．動力に水車や風車が使われるようになり，畑でも水車や風車を使った揚水や粉挽きが行われるようになる．水車を使ってふいごを動かし，空気をシャフト炉に送って鉄の製錬を行うようになり，大きな炉でたくさんの鉄をつくれるようになると，牛を使って畑を耕す鉄製有輪鋤などの農器具が普及し，食糧生産が増加した．人口も増え，街が拡大すると，森林が伐採され，畑が作られた．大開墾時代の到来である．1100年から1300年のことである．特に，ドイツ東部は広い原生林に覆われていたため，東方への入植が盛んに行われた．

開拓によって実現した大規模な農地を使った三圃制農法により食糧の生産性がさらに向上し，人口も増加した．600年頃には1800万人だったヨーロッパの人口は，1000年頃には3800万人，1300年頃には7300万人にまで増加した．人口の増加により一層の農地拡大が必要になり，ヨーロッパの森林の減少と，東ヨーロッパ（ポーランド，ロシア）への領土の拡張が起こった．

森林の減少により起こったのがペストの流行である（1347〜1350年）．森林の伐採によってペスト菌を媒介するクマネズミ（の蚤）の天敵（フクロウ，キツネ，オオカミ，イタチ等）が減り，クマネズミの繁殖に有利な条件を与えた結果である．1347年にロシアのカスピ海奥地で発生したペストは，翌年には黒海を通って，エジプトからイタリア，フランス，スペインの地中海沿岸一帯が感染し，1349年から1350年にかけてヨーロッパ北部からイギリス，北欧地域に広がった．気候の変化（寒冷期）と重なり，飢餓が発生したこともあり，人口は7300万人から

5000万人にまで減少した．その後，大規模なペストは，1665年（ロンドン），1720～1722年（フランス・マルセイユ）で発生している．

ゲルマン人の移動によって始まった中世ヨーロッパは，封建制と荘園制の下で農業技術の革新による食糧生産を背景に人口が増大し，約1000年で養える限界に達し，森林資源を使い果たした．

近代ヨーロッパの時代になると中世に蓄えた都市文化が人間精神，芸術，科学技術の革新となって現れた（ルネサンス，14～16世紀）．飽和に達しつつあったヨーロッパの都市生活，資源，経済的欲求は科学技術の発達と結びついて，新しい世界を求める動きを活発化させ，地理上の発見が相次いだ．北米，中南米の植民地化，東方貿易（インド，中国）が進み，森林資源に恵まれた南北アメリカにヨーロッパの新世界が拡大していった．

4.3 産業革命と環境問題

(1) エネルギーの転換から始まった産業革命

産業革命は木材を主力とするエネルギー源から石炭への転換，製鉄法の改善による生産性の向上，水力から蒸気へ動力の転換をもたらした．その結果，木や石から鉄へ材料革命が起こり，産業構造を大きく変化させた．

ヨーロッパの森林は14世紀以降，諸侯が森林の伐採を制限し，保全に乗り出したため，少しずつ回復したが，慢性的なエネルギー資源不足が続いていた．15世紀半ばから大航海時代が始まると，船の建造に大量の木材が必要になり，再び森林が伐採された．各国は競って軍艦を作り，海の覇権を争い，植民地を拡大していった．軍艦を作るにも，大砲を作るにも大量の木材が必要である．自国で入手できない木材は植民地から調達した．木材の価格は高騰し，船用のナラ材の値段は10倍以上に跳ね上がった．特に，イギリスの森林資源不足は深刻であった．イギリスはもともと森林が少なく，周辺を海に囲まれた海洋性気候で夏でも涼しいため，樹木の成長が抑えられ，一度消失した森林はなかなか回復しなかった．このため，イギリスでは13世紀頃から，主に暖房用に石炭が使われるようになった．

初めに，エネルギー資源の転換がイギリスで起こった．1709年，コークスを使用した製鉄法が開発され，これまで，木材の資源不足に悩まされていたイギリスの製鉄業は価格の安い石炭を大量に使用できるようになり，スウェーデンからの輸入に頼っていた鉄を自給できるようになった．イギリスの銑鉄の生産量は，産業革命前の1720年には年産３万ｔであったが，産業革命後の1853年には年産290万ｔに増加した．材料となる鉄が安く，大量に供給されると，機械生産も活発になり，同時に，製鉄用の燃料が木炭から石炭に切り替わったことで，イギリスの石炭業も盛んになった．産業革命前の1700年頃には，わずか年産300万ｔだった石炭の生産量が，1860年には年産１億3000万ｔに増加した．

次に，産業構造を変える事件が起こる．それは，イギリスの木綿産業で起こった．中世以来発展してきた手工業は17世紀になると，手工業を主体とした工場生産へ発展した．マニュファクチャと呼ばれている．1764年，紡績機が発明され，これまで，手で糸を紡いでいた作業が機械に置き換わった．1768年には水力紡績機が発明された．これをきっかけに，これまで手作業に頼ってきた生産工程は次々と機械に置き換わっていった．機械化の波はあらゆる工業分野に波及した．マニュファクチャ的生産から機械制生産への移行である．

これに拍車をかけたのが1765年に発明された蒸気機関である．水力を動力として使用するには，工場を水の流れを利用しやすい山の中腹に建てる必要があるが，石炭を燃料とする蒸気機関によって立地の制約がなくなり，大きな工場を平地に建て，大量生産が可能になった．このようにして，人の集まりやすい都市部に大きな工場が建てられた．都市には人が集まり，急激に発展した．産業革命の舞台となったイギリス中西部の都市，マンチェスター，バーミンガム，リヴァプールは，それぞれ木綿工業の中心地，製鉄を中心とする金属工業，マンチェスターの外港として貿易で栄えた都市である．それぞれの都市の人口は，産業革命前の1685年頃には，6000人，4000人，4000人であったが，産業革命後の1880年には39.4万人，40.1万人，55.2万人の大都市に発展した．同時に，蒸気機関は輸送の大革命を起こした．帆船は蒸気船に代わり，陸には鉄道が敷かれた．鉄製の蒸気船や蒸気機関車は物資を大量に運べるようになった．

産業革命の嵐は世界各国に広がった．イギリスは産業革命の独占をはかり，1774年に機械輸出禁止令を出し，他国や植民地への機械輸出や技術者の渡航を禁止した．機械輸出禁止令が一部解除された1825年以降，ベルギー，フランスなどのヨーロッパ諸国をはじめアメリカでも産業革命が始まった．ベルギーは1830年の独立後，伝統的な毛織物工業を中心に工業化が進展した．フランスはちょうどフランス革命の時期と重なった．革命によって生まれた中小の土地所有農民が多く，労働力となる人口が少なかったため，1830年頃から始まった産業革命の進展は緩やかだった．しかし，19世紀後半までにはイギリスに次ぐ工業国に成長した．ドイツでは少し遅れて1840年代から始まった．ライン川流域を中心に工業化が進展し，1871年のドイツ統一後は保護政策のもとで重化学工業が飛躍的に発展した．アメリカは1830年代に木綿工業と金属機械工業が発展した．1859年にペンシルバニア州で石油の採掘が始まると，石油，石炭，鉄鋼を中心に工業が目覚ましく発展し，19世紀末にはイギリスを抜いて世界一の工業国に成長した．日本は，鎖国と幕末の混乱で工業化が遅れた．明治維新後，欧米の先進国から技術を導入し，紡糸，紡績などの軽工業を中心に工業化が進んだが，重工業が発展したのは20世紀に入ってからである．

⑵ 深刻な環境汚染

産業革命は同時に深刻な大気汚染と水質汚濁をもたらした．大気汚染は1660年頃から，水質汚濁は1830年頃からロンドンで顕在化した．1661年には初めての公害報告書（*Fumifugium*）が発行されている．大気汚染は石炭の燃焼による煤塵と硫黄酸化物によるもので，17～18世紀のロンドンの健康被害や環境汚染は劣悪で，硫黄酸化物による呼吸器系の疾患が多発し，樹木は酸性雨で枯れてしまった．また，煤塵による皮膚癌が発生した（表4.3.1）．1772年に発行された新版公害報告書（*Fumifugium*）には，ロンドンの新生児の半数は２歳までに死亡したという記録がある．1833年当時，イギリス大都市の平均寿命は31歳で

表4.3.1　ロンドンを中心とした大気汚染の事例

年代	事例
1772年	新版 *Fumifugium* 発行． ロンドンで新生児の半数が２歳までに死亡．
1819年	蒸気機関炉からの煙除去研究委員会発足．
1821年	炉の煙による被害訴訟の法律ができる．
1847年	都市整備法制定． 炉の燃料の完全燃焼が義務化．
1853年	煤煙法制定．
1866年	保健局に煤煙の取り締まり権限を与える衛生法制定．
1873年12月	ロンドンで11日間にわたり濃霧発生． 気管支炎による死亡率1.7倍に上昇． 1880年，1891年，1892年にも同様の記録あり．
1905年	公衆衛生会議をロンドンで開催． 煤煙による煙を「スモッグ」と命名．
1926年	イギリスに煤煙防止法制定．
1933年	イギリス大都市の平均寿命31歳．
1936年	ロンドンで大気汚染調査実施．
1948年	ロンドンでスモッグによる死者の増加が報告．
1952年12月	ロンドンでスモッグ発生．死者4000人以上．

あった．1873年12月にはロンドンで11日間にわたり濃霧が発生し，呼吸器系の疾患による死亡率が1.7倍に上昇した．濃霧は1880年，1891年，1892年にも発生した記録が残っている．1905年にロンドンで公衆衛生会議が開催され，煤煙による煙は「スモッグ」と命名された．水質汚濁（表4.3.2）は都市部への人口の集中による衛生悪化が原因である．イギリスでは蒸気機関の実用化により，川からの大量揚水が可能になった．1810年頃からイギリス各都市で水洗トイレが使われ始めた．1831〜1832年にはヨーロッパの都市で大規模なコレラが発生し，ロンドン，パリでは人口の２割が死亡した．上水道を媒介して感染が拡大した疑いがもたれている．当時，上水の水質はあまり重視されていなかっ

表4.3.2　ロンドンを中心とした水質汚濁の事例

年代	事例
1700年代	蒸気機関の実用化により，テムズ川からの大量揚水が可能になる．
1740年頃	パリの環状大下水道完成．
1720〜1800年	ロンドンの水道の拡張期． テムズ川の感潮区間から揚水開始．水質は重視されず．
1810年頃	イギリス各都市で水洗トイレが使われ始める．
1832年	コレラ流行．ロンドンで5300人死亡．上水道媒介の疑い． （1831年にロシアを発端にヨーロッパ全域にコレラ流行）
1848年	コレラ流行．ロンドンで6644人死亡．下水道媒介の疑い．
1848年	ハンブルク（ドイツ）に下水道完成．
1852年	首都水道法制定． ａ．テムズ川感潮区間からの取水禁止 ｂ．緩速濾過の義務化 ｃ．配水池に覆いを付ける
1855〜1863年	ロンドンで下水道工事に着手． これまでテムズ川に直接流していた下水を下水道を通して市街地より下流で放流．（下水処理場はなし）
1858年	シカゴ（米）に下水道完成．
1889年	パリで下水へのし尿の受け入れを始める．
1914年	ロンドン郊外に活性汚泥法の下水処理場完成．（最初の近代的処理場）

た．1848年にはロンドンで再びコレラが発生し，6644人が死亡した．ロンドンでは1855年から近代式下水道の建設が進められ，1863年に完成した．これまで直接テムズ川に流していた下水を，下水道を通して市街地の下流に流すようになった．しかし，下水の処理は行われておらず，ロンドンに下水処理場ができたのは1914年である．

19世紀半ばに米国中部で石油が発見されたのをきっかけに石油ブームが起こり，石炭から石油にエネルギー資源が転換された．石油は石炭のような煤塵の発生が少なく，輸送用燃料としては石炭よりはるかに有利なため，世界のエネルギー需要が飛躍的に拡大し，20世紀100年間でエネルギー需要は10倍になった．さらに，1950年以降，石油化学産業の勃興により，生活様式が格段に進歩した．

エネルギー需要の急激な拡大によって，大気汚染や水質汚濁に加えて，新たな環境問題が発生した．温室効果ガス（CO_2，フロン類，CH_4，N_2O），化学物質汚染（重金属，残留性有機化学汚染物質〈POPs〉），内分泌攪乱物質（環境ホルモン）などの問題である．

⑶ 日本における産業の発展と環境問題

江戸時代以前の日本は人口も少なく，工業の規模も小さかったので，佐渡金山での坑木，燃料採取による禿山と洪水の発生や，たたら製鉄による森林破壊などの問題はあったが，影響は一部にとどまっていた．

そのほか，古代の略奪期，近世（1570～1670年）の戦国時代から江戸時代初期にかけての居城の時代，20世紀前半の富国強兵の時代に森林の伐採が進んだが，国土の半分以上が天然林のまま保全されていた．

明治時代以降は近代産業の勃興につれて，銅などの金属精錬所で公害が発生した（表4.3.3）．足尾鉱毒事件，赤川鉱毒水事件，別子銅山や日立鉱山の煙害などである．多くの鉱山は江戸時代から採掘をしていたが，生産量が少なく，大きな問題は発生していなかった．明治時代に入ると，採鉱，製錬，運搬の設備を近代化し，生産量が飛躍的に増大した．精錬所からの排煙に含まれる二酸化硫黄で周辺の山の樹木が枯れ，排水によって川の魚が大量に死亡する被害が発生した．山の木が枯れてしまったため，洪水が発生し，周辺の田畑にも被害が拡大した．

1901年に日本で最初の製鉄所が操業を始めたのを皮切りに，各地で鉄の製錬，製鋼が始まった．日本の重工業の始まりである．鉄の製錬に必要な石炭は近くの炭鉱から掘り出した国内炭が使われた．日本の石炭は品質が悪く，燃やすと煙とともに煤を含む大量の塵が発生し，製鉄所周辺で煤塵の被害が多発した．街には煤塵が降り積もり，空気にはタールの臭いがしみこみ，人の吐く息も石炭の臭いがするほどだったという．気管支炎にかかる人も増加した．しかし，資源の乏しい日本で石炭は黒いダイヤと呼ばれた時代である．煤塵による被害が環境問題として捉えられるようになったのは，第二次世界大戦後になってからである．1950年代の中頃から石炭の燃焼設備に排煙処理装置が設置され，煤塵による被害は沈静化していった．1960年以降になると，燃料は，次第に石炭から石油に置き換わり，海外から良質の石炭も輸入されるようになった．明治時代以降の近代工業を支えてきた国内の石炭業は衰退し，炭鉱は次々と閉山していった．

第二次世界大戦後の産業の復興期には各産業で設備の合理化，近代化がすすめられた．その反面，4大公害病（水俣病〈1953～1968年〉，新潟水俣病〈1965～1971年〉，イタイイタイ病〈1922～1975年〉，四日市喘息〈1960～1972年〉）（表4.3.4）をはじめ，大気汚染や水質汚濁が各地で発生した．これらの問題を受けて水質二法（公共用水域の水質の保全に関する法律，工場排水などの規制に関する法律，1958年）が制定，公布された．

高度経済成長期（1965～1975年）に入ると，大気汚染や水質汚濁は全国，とくに都市部に広がった．川崎や四日市での喘息の発生，自動車沿道での CO，NO_X，騒音，鉛汚染，光化学スモッグ発生，隅田川の有機物汚染（1964年），異臭魚事件（四日市，1965年），赤潮発生（瀬戸

表4.3.3　環境に関する問題と法制度の歴史

年代	日本の環境問題	環境問題に関する法律，制度	世界の環境問題
1878	足尾銅山の精錬所から渡良瀬川に流出する酸性廃水，硫黄酸化物の排ガスによる地域の汚染（～1910）		
1893	別子銅山精錬所からの煙害（～1929）		
1905	小坂鉱山の鉱害被害（秋田）		
1906	日立鉱山の鉱害被害（茨城）		
1914	松尾銅山の鉱害被害（岩手・赤川鉱毒事件）		
1922	イタイイタイ病．富山県の亜鉛精錬所から神通川に流出する．カドミウムを含む廃水による農作物汚染（～1975）		
1944			ロサンゼルス・光化学スモッグ事件
1948			世界人権宣言採択
1950			ポザリカ（メキシコ）の工場で硫化水素ガス漏れ事故発生
1952			ロンドン・スモッグ事件　約4000人死亡
1953	水俣病発生（～1968）		
1955	イタイイタイ病が学会発表で判明 森永ヒ素ミルク事件		
1958		水質二法（公共用水域の水質の保全に関する法律，工場排水等の規制に関する法律）制定	
1959	水俣病の原因が水銀で汚染された魚介類の摂取であることを公式に発表		
1960	四日市ぜんそく発生（～1972）		
1961	12月に東京で５日間連続スモッグ発生		
1962	サリドマイド薬害事件		ベトナム戦争で米軍が枯葉剤（245-T）を使用 ダイオキシン被害発生（～1971） レイチェル・カーソン『沈黙の春』刊行
1964	隅田川の有機物汚染発生		
1965	新潟水俣病発生（～1971） 四日市市で異臭魚事件発生		
1967		公害対策基本法制定	
1968	カネミ油症事件発生	大気汚染防止法制定 騒音規制法制定	
1970	東京，千葉で光化学スモッグ発生	水質汚濁防止法制定 廃棄物の処理及び清掃に関する法律 農用地の土壌汚染等に関する法律	
1971		悪臭防止法制定	
1972	瀬戸内海で赤潮発生	大気汚染・水質汚濁防止法の一部改正 自然環境保全法制定	ローマクラブ「成長の限界」発表 国際連合人間環境会議開催（ストックホルム） 「人間環境宣言」採択
1973	工場敷地内に六価クロム鉱滓を投棄（東京)．工場跡地が汚染．肺がんなどの労働災害発生．周辺住民にも健康被害発生	化学物質の審査及び製造等の規制に関する法律（化審法）制定 工業立地法制定	
1975	豊島（香川県）産業廃棄物公害発生 水島コンビナート重油流出事件発生		
1976		振動規制法制定	セベソ（イタリア）で農薬工場爆発．ダイオキシン類が周辺に飛散．住民に健康被害発生
1977			オランダで都市ごみ焼却炉からダイオキシン類が検出
1979			スリーマイル島原子力発電所事故（米国）
1981	水道水からトリハロメタン検出（大阪）		
1982	トリクロロエチレンなどの有機塩素系溶剤による広範囲な地下水汚染発生		

1983	都市ごみ焼却炉からダイオキシン類検出		
1984			ボパール（インド）で農薬工場爆発．塩化水素により3000人以上死亡．被災15万〜60万人
1985			オゾンホールが南極大陸上に出現
1986			チェルノブイリ原子力発電所事故（ソ連）
1987			オゾン層を破壊する物質に関するモントリオール議定書採択
1988		特定物質の規制等によるオゾン層の保護に関する法律	
1989		水質汚濁防止法の施行令の一部改正（トリクロロエチレン等の追加） 水質汚濁防止法の一部改正（有害物含有水の地下浸透を規制） 大気汚染防止法の一部改正（石綿などの粉じんの基準制定）	エクソンバルディース号原油4万kL流出事故（アラスカ，米国）
1990			オゾン層を破壊する物質の生産削減を合意
1992			「環境と開発に関する国際連合会議」（地球サミット）開催（リオデジャネイロ，ブラジル） アジェンダ21採択 気候変動枠組条約採択 HPVプログラム開始（OECD）
1994		環境基本法制定 環境基本計画（第一次）策定	
1995		容器包装リサイクル法制定	
1997	ナホトカ号座礁．重油流出事故（島根県沖）		COP3地球温暖化防止京都会議開催 京都議定書採択
1998		家電リサイクル法の制定 省エネルギー法制定	
1999		化学物質排出把握管理促進法の制定 ダイオキシン類対策特別措置法制定	
2000		循環型社会形成推進基本法の制定 容器包装リサイクル法施行	国連ミレニアムサミット開催
2001		家電リサイクル法の施行 グリーン購入法施行 食品リサイクル法施行 資源有効利用促進法全面改正施行	残留性有機汚染物質（POPs）の削減に関する条約（ストックホルム条約）採択
2002		自動車リサイクル法制定 建設リサイクル法施行	持続可能な開発に関する世界首脳会議（WSSD）開催
2003		循環型社会形成推進基本計画策定	
2004		大気汚染防止法を一部改正（VOCの排出規制）	
2005		自動車リサイクル法施行	京都議定書発効
2006			国際化学物質管理会議開催 国際的な化学物質管理のための戦略的アプローチ（SAICM・ドバイ宣言）採択 REACH（欧州連合）採択
2010		廃棄物の処理及び清掃に関する法律一部改正	メキシコ湾（米国）の海底油田から原油78万kL流出
2011	東日本大震災発生 東電・福島原子力発電所事故発生	化学物質の審査及び製造等の規制に関する法律（化審法）改正	
2012		環境基本計画全面改正公表	
2013		小型家電リサイクル法施行	国連環境計画「水銀に関する水俣条約」採択

表4.3.4　日本の４大公害病

	イタイイタイ病	水俣病	新潟水俣病	四日市ぜんそく
年代	1922～1975	1953～1968	1965～1971	1960～1972
発生地	富山県 神通川流域	熊本県水俣市 不知火海沿岸部	新潟県 阿賀野川流域	三重県四日市市 石油コンビナート周辺部
発生源	三井金属鉱業 神岡工業所	新日本窒素肥料 水俣工場	昭和電工 鹿瀬工場	中部電力等６社
原因物質	カドミウム	メチル水銀化合物		硫黄酸化物等の排煙
被害内容	腎臓障害，骨軟化症	視野狭窄，運動失調，難聴，知覚障害		ぜんそく等の肺疾患

内海，1972年）などである．公害対策基本法（1967年制定，1970年改正），工業立地法（1973年），自然環境保全法（1972年）が制定された．

1972年，ローマクラブが「成長の限界」を発表したのをきっかけに石油価格の上昇が始まった．1974年には実質経済成長が戦後初めてマイナスとなり，高度経済成長の終焉を迎えた．エネルギーを大量に消費する重化学工業から寡消費型の加工組立産業（自動車），電気・電子産業へと産業構造が変化し，省エネ，省資源化技術が進展するのに合わせて，公害問題も沈静化していった．

産業構造の変化に伴い大都市への人口集中が起こった．人々は都市での快適な生活，アメニティー環境を求めるようになり，これまでの地域の大規模開発から人間居住の総合的環境を計画的に整備する定住圏構想へと地域開発の質的な転換が行われた．

1980年代後半になると，世界各地で高温熱波や洪水などの異常気象が発生し，また，オゾンホールが発見されるなど，地球環境の変化，限界が顕在化してきた．環境汚染は各国や各地域の公害問題にとどまらず地球規模の環境問題となってきた．1992年には「環境と開発に関する国際連合会議（地球環境サミット）」がブラジル・リオデジャネイロで開かれ，21世紀への具体的な行動計画として「アジェンダ21」が採択された．

地球環境サミットの開催を受けて国内では環境基本法（1994年）が制定された（図3.5.7）．この法律は地球環境問題から身近な廃棄物問題，自然環境・生態系の保全までを含む環境の総体を保全することを目的としている．2000年には循環型社会形成推進基本法が制定され，循環型社会への動きが具体化された．廃棄物の適正処理，リサイクルの推進を目的としており，リサイクルを推進する具体的な５つの法律（資源有効利用促進法〈2001年〉，容器包装リサイクル法〈2000年〉，家電リサイクル法〈2001年〉，建設リサイクル法〈2002年〉，食品リサイクル法〈2001年〉）が制定された．

廃棄物焼却施設からダイオキシンが発生した問題をきっかけに，化学物質の環境影響の問題が顕在化した．ダイオキシン類等対策特別措置法（1999年）が制定され，さらに特定化学物質の環境への排出量の把握等及び管理の改善の促進に関する法律（PRTR法，1999年）が制定された．

5．環境中の化学物質と生体影響

5.1 化学物質の種類とその暴露

(1) 化学物質の種類

化学物質はすべてのものを含む．私たちの体も何百万種類もの化学物質でつくられている．また，自然界にある化学物質の他に，私たちは人工的に様々な化学物質を作り出してきた．周りを見渡しただけでも，人工的な化学物質でできた製品がたくさん見つかる．それらは，私たちの生活を便利に，そして豊かにしてくれた．たとえば，買い物のビニール袋，ペットボトル容器，ポリエステルなどの人工繊維の衣類，スマートフォン，テレビなどである．

医薬品も人工的な化学物質の一つである．また，ほとんどの食品には保存料などの食品添加剤が使われている．食糧の生産には農薬や人工肥料が使われている．食品添加剤や農薬，人工肥料のおかげで，私たちは食べ物に困ることなく，また，食中毒の心配をせずに安心して食べることができる．医薬品のおかげで病気にかかっても治ることができる．これらの化学物質がなければ，70億人もの人間が生きていくことはできない．

米国化学会の情報部門CASに登録されている化学物質の数は約1億種類である．20世紀の初めに登録が始まり，20世紀末までに2000万種類の化学物質が登録された．その後，登録される化学物質の数は1日1万5000種類を超え，年に600万種類ずつ増えている．工業的に年1000t以上生産されている化学物質は約5000種類，年に1t以上生産されているものは10万種類に上る．これらの化学物質の中で安全性が確認されているのはごく一部である．あまりにも数が多すぎて，確認の作業が追い付かないのが理由である．

(2) 日常生活における化学物質との関わり

私たちは化学物質に囲まれて生活をしている．また，家庭からの排水，自動車の排気ガスや畑などへの肥料や農薬の散布など，いろいろなところから化学物質が環境中に放出されている（図5.1.1）．私たちの周りにある化学物質のどれが有害でどれが無害なのか，私たちはわからないまま毎日生活をしている．多くの化学物質が，私たちの知らない間に，食べ物や飲み物と一緒に，あるいは呼吸をするときに，体内に入ってきている（表5.1.1）．鉛や水銀，カドミウム，ダイオキシン類，PCB，p－ジクロロベンゼンなど，毎日，様々な物質が体内に入ってきているにもかかわらず，普通は何事もなく生活をしている．体内に入ってきても量が少なければ，大きな問題になることはない．しかし，ある閾値を超えると，体調を崩し発症することがある．新築の家などに住んでいて，発症

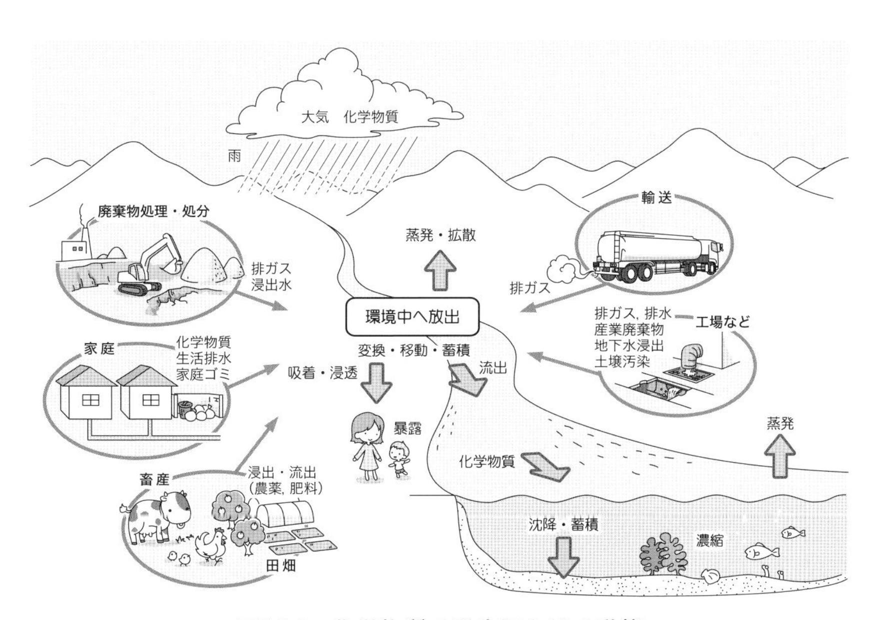

図5.1.1　化学物質の発生源とその動態

『化学物質とその管理のしくみ～新しい「つきあい方」を考える～』㈳環境情報科学センター，2000年）を一部改訂．

表5.1.1　日本人における化学物質の推定暴露量

化学物質	推定暴露量 μg/日	耐容一日摂取量* μg/日
重金属		
水銀[1)]	7.7	29
鉛[1)]	13.2	175
ヒ素[1)]	182	107
カドミウム[1)]	27.9	50
POPs		
ダイオキシン類（TEQ）[1)]	4.3×10^{-5}	20×10^{-5}
PCB[3)]	0.44	0.45
DDT[3)]	0.50	500
HCB[3)]	0.01	8.5
PFOA[1)]	0.58	75
PFOS[1)]	0.61	7.5
VOC		
ベンゼン[2)]	8718	900
p-ジクロロベンゼン[2)]	9440	3570
トリクロロエチレン[2)]	550	73
テトラクロロエチレン[2)]	99	700
クロロホルム[2)]	240	645

*耐容週間摂取量は耐容一日摂取量に換算して表示．人の体重は50 kgとして計算．
1）農林水産省，食品安全に関するリスクプロファイルシート
2）(独)製品評価技術基盤機構，化学物質総合情報提供システム，PRTRデータ
3）松本比佐志，木村愼太郎「汚染化学物質の食事経由による1日摂取量の推定」『別府大学紀要』52（2011），91-99.

するシックハウス症候群もその一つである．化学物質過敏症の一種だが，このような病気が現れたのは，建材にプリント合板などの新建材が使われるようになった1990年代以降である．建材に使われる接着剤や塗料に含まれているホルムアルデヒドなどの有機化学物質が原因である．

「すべてのものは毒である」と言ったのは中世の医師パラケルススである．「量のみが毒であるか否かを決定する」とも言っている．塩を一度に150 g食べると，人は死んでしまう．しかし，塩を150 gも食べる人はいないので，私たちは塩を毒とは考えていない．私たちの体も，同じ

ものを一度にたくさん食べるとよくないことを知っている．同じものばかり食べていると，食べ飽きてほかのものを食べたくなるのは，一つの防衛反応である．多くの人は甘いものが好きである．とくに子供は大好きである．甘いと感じるのは「食べられる」という体のサインである．逆に，苦いと感じるものは，「毒かもしれないので注意せよ」というサインである．子供が苦味のある野菜を嫌いなのは，体が発するサインに正直なだけで，それなりの理由がある．

⑶ 化学物質の代謝と吸収，排泄作用

私たちの周りにあるほとんどの化学物質は，食べ物も含めて，体の中に入ってくると，胃酸や酵素によって分解される．そして，体に必要なものは吸収され，不要なものは体外に排泄される．一般に，細胞膜が脂質でできていることから，油に溶けやすい性質（脂溶性）の物質は吸収されやすく，水に溶けやすい性質（水溶性）の物質は体の構成成分やそれに近い性質を示すもの以外は吸収されにくく，体外に排泄される．アミノ酸やグルコースのような生体成分は水溶性で，体にとって大事な物質のため，それらやそれらの原料となる物質には特別の吸収機構が体に備わっているためである．脂溶性の物質は体の脂質部分に溶け込んでしまうため，防御機構が甘く，どのような性質の物質でも比較的容易に吸収されてしまう．良質の油をとることが大事なのはこのような理由による．PCB やダイオキシン類のような物質も脂溶性のため，吸収されやすく，体内の脂質部分に蓄積される．蓄積された中から順次，水溶性の物質に変換され，排泄される．

重金属類は水溶性の物質は吸収されるが，水に溶けない物質は吸収されずに排泄される．お祝いの席などで金箔入りの酒を飲むが，金は水に溶けないので，吸収されずに排泄される．胃のＸ線撮影の時に飲む造影剤は硫酸バリウムである．バリウムは毒性の強い金属であるが，硫酸バリウムは水にほとんど溶けないため，吸収されずに排泄される．水銀は

主に火山活動や地殻変動によって大気中に放出されている．また，化石燃料の燃焼やアマルガムを使用する小規模金採掘，製品製造過程，電池などの製品等，人為的起源による排出が1960万t（2010年）あり，環境中に排出される量の約30%を占めている．それらが雨とともに地表や河川，海に降り注ぎ，食物連鎖を通して魚介類に蓄積されている（図5.1.1，表5.1.2）．日本人は魚介類をよく食べるので，水銀の摂取量が多

表5.1.2　魚介類１gに含まれる水銀量

魚介類	総水銀量 (μg/g)	メチル水銀量 (μg/g)
イイダコ	0.009	
ヤリイカ	0.031	
アサリ	0.008	0.004
ホタテ	0.009	
ハマグリ	0.012	
ブラックタイガー	0.018	
シバエビ	0.026	
クルマエビ	0.027	0.032
ズワイガニ	0.070	
タラバガニ	0.039	
ベニズワイガニ	0.302	0.194
イワシ	0.018	
サケ	0.034	
サンマ	0.052	
ヒラメ	0.062	0.049
タチウオ	0.107	0.093
ブリ	0.145	0.195
マサバ	0.151	0.232
キンメダイ	0.654	0.535
クロマグロ	0.687	0.525
メカジキ	1.003	0.712
マッコウクジラ	2.100	0.700
コビレゴンドウ	7.100	1.488
バンドウイルカ	20.840	6.622

薬事・食品衛生審議会食品衛生分科会乳肉水産食品部会「魚介類に含まれる水銀の調査結果」（2009年５月18日）をもとに作成．

くなっている（表5.1.1）．妊婦などが食べるときには注意が必要である．

重金属類は大量に摂ると体に有害だが，少量ならば体にとって大事な金属もある．鉄は血液中のヘモグロビンの中心金属としてよく知られている．体の隅々に酸素を運ぶ重要な役割を果たしている．しかし，摂りすぎると，嘔吐や，下痢，血色素症を引き起こす．銅や亜鉛，コバルトも生体にとって必須の金属である．

また，体内に入ると，内分泌を攪乱する化学物質もある．内分泌攪乱物質と呼ばれている．トリブチル錫は海草の付着を防ぐために，船や漁具の塗料に使われていたが，貝がオス化するなど，海洋生物に悪影響を及ぼすことが判明し，使用禁止になった．しかし，内分泌攪乱物質の中には，体内で不足するホルモンを補う働きをするものもある．大豆に含まれているイソフラボンは女性ホルモンに似た働きをするので，健康食品などに用いられている．

5.2 有害な化学物質

⑴ 重金属類

銅，青銅，鉄や陶磁器は古代エジプト，メソポタミア時代から使用され，金属精錬に伴う汚染や健康被害が発生していた．鉛は古代ローマ時代，水道管や食器として，酢酸鉛（サパ）は甘味料として使われていた．体に蓄積すると，貧血や神経障害など，鉛中毒を引き起こすことが知られている．丹砂（硫化水銀）は薬として使用され，マーキュロクロム液（有機水銀）は消毒薬として最近まで使用されていた．

日本では，1950年代から1960年代にかけて，重金属類が原因の大きな健康被害が発生している．水俣病とイタイイタイ病である．1953年に発生した水俣病は水銀による被害である．工場排水中のメチル水銀が水俣湾に流れ込み，食物連鎖を通して魚介類に蓄積し，その魚介類を食べた人に歩行障害や言語障害，痙攣，精神錯乱などの症状が現れた．水俣病は魚を食べた本人だけでなく，胎児にも影響し，先天性脳性麻痺の子供が生まれた．正確な被害者数はわからないが，公式に認定を受けた人だけで1万人を超える大きな被害である．水銀による健康被害は1963年に新潟県阿賀野川流域でも発生した．

水銀の利用量や排出量の削減と被害撲滅を目指し，「水銀に関する水俣条約」(2013年）が熊本で開催された国連環境計画の外交会議で採択，署名された．

イタイイタイ病は1955年に富山県神通川流域で起きたカドミウムによる健康被害である．脆くなった骨が体のあちこちで骨折するために，患者が「イタイイタイ」と言って苦しむことからこの名前が付けられた．亜鉛を精錬した後の排水に含まれていたカドミウムが河川に入り，水や土壌を汚染したため，水田で成育した米にカドミウムが吸収され，その米を食べた人に腎障害と骨軟化症などの慢性カドミウム中毒の症状が現れた．

(2) 農薬

肥料と農薬はともにその発展によって食糧の増産を可能にし，人類に大きな貢献を果たした．農薬は基本的には生物に対して有毒であり，かつ自然界では分解しにくい物質である．農作物には特定の害虫が取り付く．特定の害虫だけを農作物にあまり影響を与えずに駆除するために特定の殺虫剤が開発されている．このため，農薬の種類は非常に多く（表5.2.1)，用途別に，殺虫剤，殺菌剤，除草剤，殺鼠剤，植物成長調整剤などがある．成分的には，代表的なものに，有機塩素系，有機リン系，チオカルバメート系，トリアジン系，ピレスロイド系，ホルモン系，有機金属系，天然物，抗生物質，生物農薬などがある．それらの中で，殺虫剤，殺菌剤として用いられる有機塩素系（図5.2.1)，有機リン系農薬（図5.2.2）による汚染や障害が問題になることが多い．特に，有機塩素

表5.2.1　農薬の種類

農薬の種類	物質名
殺虫剤	フェニトロチオン（MEP），ジメトエート，ダイアジノン，メチルカルバミン酸2-s-ブチルフェニル（BPMC），クロロフェノタン（DDT），ベンゼンヘキサクロリド（BHC），フィプロニル，クロチアニジン
殺菌剤	エジフェンホス（EDDP），ベノミル，クロロタロニル（TPN），ジネブ
除草剤	シマジン，ベンチオカーブ，2,4-ジクロロフェノキシ酢酸(2,4-D)，2,4,5-トリクロロフェノキシ酢酸（2,4,5-T），ニトロフェン（NIP），パラコート，クロロニトロフェン（CNP）
殺鼠剤	黄燐，リン化亜鉛，ノルボルマイド，シリロシド，タリウム，硫酸タリウム，α-ナフチルチオウレア，モノフルオロ酢酸ナトリウム，ジフェチアロール，ジフェチアロン
植物成長調整剤	1-ナフチルアセトアミド，インドール酪酸，4-CPA，ジベレリン，パクロブトラゾール，ダミノジド，硫酸オキシキノリン，アブシジン酸，塩化カルシウム

安原昭夫『新版地球の環境と化学物質』（三共出版，2013年）をもとに作成．

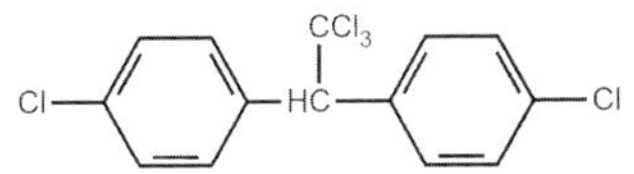

クロロフェノタン(DDT) 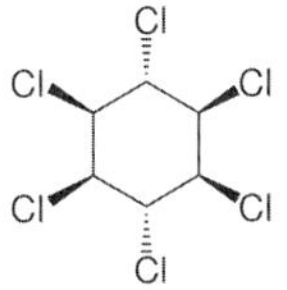　ベンゼンヘキサクロリド(BHC) 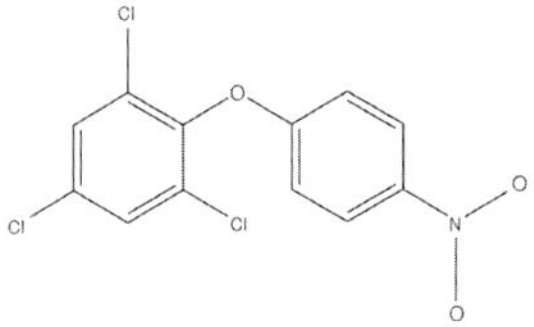　クロロニトロフェン(CNP)

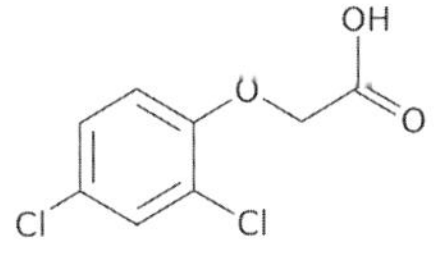

2,4-ジクロロフェノキシ酢酸(2,4-D) 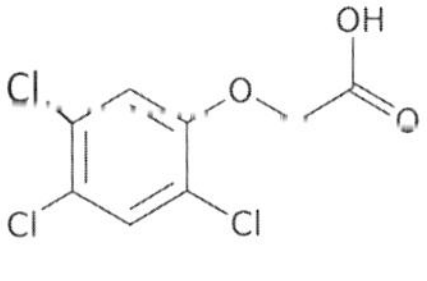　2,4,5-トリクロロフェノキシ酢酸(2,4,5-T) 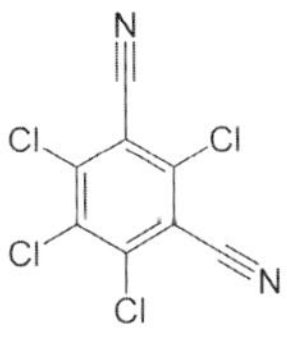　クロロタロニル(TPN)

図5.2.1　代表的な有機塩素系農薬

化学物質等安全データーシートをもとに作成．

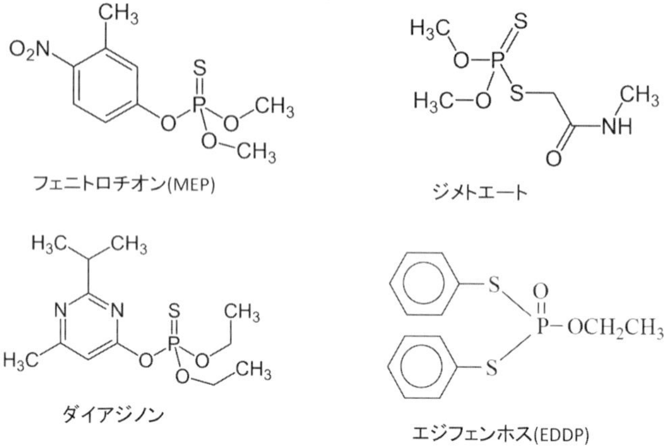

フェニトロチオン(MEP)　　ジメトエート

ダイアジノン　　エジフェンホス(EDDP)

図5.2.2　代表的な有機リン系農薬

化学物質等安全データーシートをもとに作成.

系農薬の一種である，DDT，BHC，2,4,5-Tは難分解性で，食物連鎖により生体内に濃縮蓄積され，肝腎障害，脂質代謝異常，発癌などを引き起こす可能性があるため，日本では1971年から製造禁止および使用禁止になっている.

農薬として使われたDDTが難分解性，蓄積性であるため，食物連鎖により鳥類に濃縮し，その繁殖率の低下を招いた事例は,『沈黙の春』（レイチェル・カーソン，1962年）で紹介された.

⑶ 残留性有機汚染物質（POPs: Persistent Organic Pollutants）

残留性有機汚染物質は,

1）環境中で分解されにくい（難分解性，残留性）

2）食物連鎖によって生体に濃縮しやすい（高蓄積性）

3）長距離移動して極地などに蓄積しやすい（長距離移動性）

4）ヒトの健康や生態系に対して有害性がある

化学物質を指す.

これらの物質は全地球的に広がる可能性があるため国際的に協調して

対策をとる必要性が高いとの判断から，2001年にDDTやダイオキシン類などの化学物質について，その製造・使用の禁止および制限，これらの物質が燃焼など，非意図的に生成するのを削減する条約（ストックホルム条約）が採択された．日本は2002年にこの条約を締結した．2004年２月に50カ国目が締結し，同年５月に発効した．

◆ POPs条約対象物質

- 附属書A（廃絶）アルドリン，α－ヘキサクロロシクロヘキサン，β－ヘキサクロロシクロヘキサン，クロルデン，クロルデコン，ディルトリン，エンドスルファン，エンドリン，ヘプタクロル，ヘキサブロモビフェニル，テトラブロモジフェニルエーテル，ペンタブロモジフェニルエーテル，ヘキサブロモジフェニルエーテル，ヘプタブロモジフェニルエーテル，ヘキサクロロベンゼン（HCB），ペンタクロロベンゼン（PeCB），リンデン，マイレックス，ポリ塩化ビフェニル（PCB），トキサフェン，ヘキサブロモシクロドデカン（HBCD）
- 附属書B（制限）DDT，パーフルオロオクタスルホン酸とその塩（PFOS），パーフルオロオクタスルホン酸フルオリド（PFOSF）
- 附属書C（非意図的生成物）ヘキサクロロベンゼン（HCB），ペンタクロロベンゼン（PeCB），ポリ塩化ビフェニル（PCB），ポリ塩化ジベンゾ－p－ジオキシン（PCDD），ポリ塩化ジベンゾフラン（PCDF）

残留性有機汚染物質は環境中で分解しにくく，また，水に溶けにくく油に溶けやすい性質（脂溶性）を持っている．このため，残留性有機汚染物質が野生動物の体の中に取り込まれると，体の中でも分解されにくいので，脂肪に蓄積していく．一旦は海の水で希釈された化学物質も，植物プランクトンや動物プランクトンよりもそれを食べる小魚，さらに

表5.2.2　外洋生態系におけるPCB，DDT，BHCの濃度

	PCB ng/g	DDT ng/g	BHC ng/g
表層水	0.00028	0.00014	0.0021
動物プランクトン	1.8	1.7	0.26
ハダカイワシ	48	43	2.2
スルメイカ	68	22	11
スジイルカ	3700	5200	77

立川涼「水質汚濁研究」11，2（1988）をもとに作成．

それを食べる大型の魚と，食物連鎖を通して濃度が高くなっていく（表5.2.2）．生物濃縮と呼ばれている．そして，食物連鎖の頂点にいる野生生物，例えば，シャチやホッキョクグマ，ワシなどでは，その生態系の中で最も体内の濃度が高くなる．さらに，子供を胎内で育ててから産み，母乳で育てる哺乳類では，子供が親の汚染を胎児の段階から引き継ぎ，母乳を通して汚染物質に暴露される．このようにして，胎児の遺伝子発現や子供の発達段階から長い間汚染物質を体内に蓄積するため，野生生物に奇形の発生などをもたらす可能性があると指摘されている．

⑷ 内分泌攪乱物質（環境ホルモン）

1960年代以降，野生生物のオスがメス化するのをはじめ，個体数が減少するなどの影響が魚類や鳥類，哺乳類などで観測されるようになり，環境中に存在している化学物質が生体内であたかもホルモンのように作用し，内分泌を攪乱する可能性が指摘された．さらに，1996年に米国の動物学者シーア・コルボーンらにより刊行された，『奪われし未来』では野生生物における化学物質の深刻な影響が取り上げられ，人に対しても同じような作用があるのではないかと懸念され，大きな反響を呼んだ．環境庁（当時）は1998年に「内分泌攪乱化学物質問題への対応方針 ── 環境ホルモン戦略計画SPEED'98」を取りまとめ，内分泌攪乱作用が疑われる化学物質，PCB，ダイオキシン類，DDT，合成樹脂や合

成洗剤などの原料の一部（ビスフェノールA，ノニルフェノールなど），合成樹脂添加物（フタル酸エステル），TBT（トリブチル錫）など，67種類をリストアップし，環境中での濃度の測定，生物の生体内での内分泌系への作用を介した各種影響が現れるかどうかの検討を始めた．

内分泌攪乱作用が疑われる化学物質について，全国約100カ所の河川，湖沼など，20カ所の大気について調査が行われた．その結果，約半数の河川，湖沼，大気から内分泌攪乱化学物質が検出されている．また，有機錫化合物によるイボニシ（巻貝の一種）の生殖器異常が国内の沿岸部で広範囲に発見された．国内に生息しているトビ，カエル類などの野生生物については内分泌攪乱作用が疑われる化学物質の体内残留状況や組織学的な検査を実施したが，残留状況と野生生物の異常との間に特定の因果関係は見つかっていない．

一方で，様々な生物に対して内分泌攪乱作用を調べる試験も並行して行われている．メダカを使った試験では，ノニルフェノール，4-t-オクチルフェノール，ビスフェノールAの3物質については弱いながらも内分泌攪乱作用を持つことが推察された．試験評価が終了している他の33物質については，明らかな内分泌攪乱作用は確認されていない．

ヒトへの影響評価に役立てるため，ラットを使ってメスに妊娠から授乳終了までの間，試験物質を与えて，母親およびその子供にどのような変化が起きるかを試験している．内分泌攪乱作用は，大人よりも胎児の時期に影響があることが指摘されている．このため，臍帯血を用いて母体から胎児への様々な化学物質の移行を調査した結果，体内の脂肪分に蓄積しやすい塩素系化合物（例えば，DDT，PCB，ダイオキシン類など），イソフラボンなどのエストロゲン様作用をする物質が検出された．しかし，移行した物質による影響の有無までは確認できていない．また，停留精巣，尿道下裂など，化学物資が乳児の先天異常を引き起こすのではないかとの懸念があった．そこで，化学物質の一つとして，ビスフェノールAの暴露と先天異常との関連について疫学的な調査が行われた．しかし，現在のところ，ビスフェノールＡの暴露と先天異常との関連を示す明確な結果は得られていない．

⑸ ダイオキシン類

ダイオキシン類は，残留性有機汚染物質の一つである．ポリクロロジベンゾジオキシン（PCDD）75種類，ポリクロロジベンゾフラン（PCDF）135種類およびポリクロロビフェニル（PCB）209種類（図5.2.3）のうち，オルト位に置換した塩素の数が１個以下の扁平構造をとる化合物（co-PCB）の総称で，全部で222種類の異性体がある．そのうち毒性があるとみなされているのは29種類である（表5.2.3）．

ダイオキシン類による環境汚染や健康被害については，農薬工場の爆発事故（イタリア・セベソ，1976年）とカネミ油症（日本，1968年）などが知られている．セベソでの爆発事故では約120 kgのダイオキシン類が工場周辺に飛散し，約1800 haが汚染され，住民約３万人に塩素挫創などの中毒症状が現れた．ウサギやネコなど地域の小動物約3000匹が死亡し，家畜約８万頭が汚染の拡大を防ぐために処分された．住民約700人が居住地から強制退去させられている．汚染された土壌は表土の除去と回復作業が行われた．カネミ油症事件では，熱媒体に使用していたPCBが製品に混入し，それを食べた約１万4000人に皮膚炎，発疹，手足の

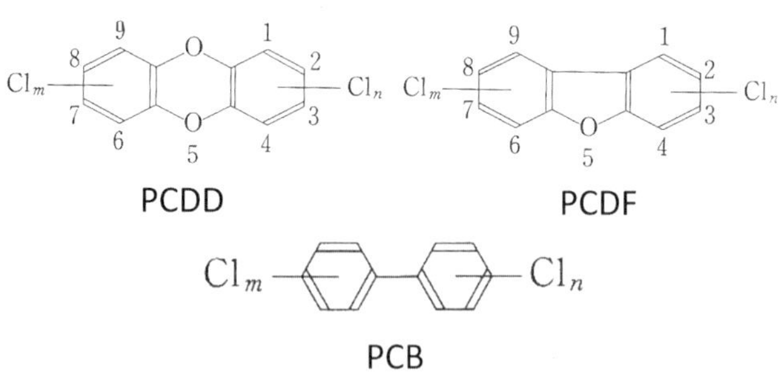

図5.2.3　ダイオキシン類

化学物質等安全データーシートをもとに作成．

表5.2.3　毒性のあるダイオキシン類と毒性等価係数

	化合物名	毒性等価係数
PCDD (ポリ塩化-p-ジオキシン)	2,3,7,8-TCDD	1
	1,2,3,7,8-PeCDD	1
	1,2,3,4,7,8-HxCDD	0.1
	1,2,3,6,7,8-HxCDD	0.1
	1,2,3,7,8,9-HxCDD	0.1
	1,2,3,4,6,7,8-HpCDD	0.01
	OCDD	0.0001
PCDF (ポリ塩化ジベンゾフラン)	2,3,7,8-TCDF	0.1
	1,2,3,7,8-PeCDF	0.05
	2,3,4,7,8-PeCDF	0.5
	1,2,3,4,7,8-HxCDF	0.1
	1,2,3,6,7,8-HxCDF	0.1
	1,2,3,7,8,9-HxCDF	0.1
	2,3,4,6,7,8-HxCDF	0.1
	1,2,3,4,6,7,8-HpCDF	0.01
	1,2,3,4,7,8,9-HpCDF	0.01
	OCDF	0.0001
コプラナーPCB	3,4,4’,5-TCB	0.0001
	3,3’,4,4’-TCB	0.0001
	3,3’,4,4’,5-PeCB	0.1
	3,3’,4,4’,5,5’-HxCB	0.01
	2,3,3’,4,4’-PeCB	0.0001
	2,3,4,4’,5-PeCB	0.0005
	2,3’,4,4’,5-PeCB	0.0001
	2’,3,4,4’,5-PeCB	0.0001
	2,3,3’,4,4’,5-HxCB	0.0005
	2,3,3’,4,4’,5’-HxCB	0.0005
	2,3’,4,4’,5,5’-HxCB	0.00001
	2,3,3’,4,4’,5,5’-HpCB	0.0001

ダイオキシン類，環境省，2005年.

しびれなどの症状があらわれ，約1900人が被害者の認定を受けている．

1960年代，ベトナム戦争に使用された枯葉剤中に含まれていたダイオキシン類が原因とされる奇形の発生が知られている．ダイオキシン類の一種である2,3,7,8-テトラクロロジベンゾ-1,4-ジオキシンはマウスによる動物実験で催奇形性のあることが確認されているが，人に対する奇形性は現在でも未確認である．1981年に生まれた結合双生児の兄弟「ベト」と「ドク」はベトナム戦争被害のシンボル的存在となり，様々な支援の手が寄せられた．兄弟の母親が枯葉剤を浴びたのは，10年以上前の子供のときである．また，2006年にベトナム南部で結合双生児が生まれた．この双生児は，枯葉剤を浴びた世代の孫にあたる．これまで，枯葉剤の被害は主に，枯葉剤を浴びた世代とその子供に当たる第二世代が中心だったが，ベトナムでは近年，第三世代の被害が増えているという．枯葉剤の被害が第二世代にとどまらず，さらに，その子供にまで及ぶことは，ダイオキシン類との因果関係が明確ではないにしろ，化学物質が複数の世代にわたって人の健康や生態系に影響を及ぼし続ける可能性があることを示している．

1977年にオランダで都市ごみ焼却施設の煤塵からダイオキシン類が検出されたのをきっかけに各国で実態調査が進められた．1990～1994年には，オランダ，ドイツなどで排ガス中のダイオキシン類濃度0.1 ng-TEQ/m^3の排出規制が施行された．日本では，1983年に都市ごみ焼却施設の煤塵と焼却灰からダイオキシン類が検出された．この報道をきっかけに，産業施設からのダイオキシン類の非意図的な発生が問題となり，1990年には製紙工場の排水から，1997年にはアルミ加工工場の排水路汚泥からもダイオキシン類が検出された．都市ごみ焼却施設では，ダイオキシン類の排出実態調査と施設の改造が行われ，それに合わせて，1993年には旧ガイドラインが，2000年にはダイオキシン類等対策特別措置法（1999年制定）が施行された．ダイオキシン類の排出削減対策が取られる前の1997年に7690～8135 g-TEQ/年あった都市ごみ焼却施設や産業施設からの排出量は，2012年には136～138 g-TEQ/年にまで減少している（表5.2.4）．それに伴い，大気，水質のダイオキシン類濃度が低下している（図5.2.4）．ダイオキシン類は土壌や湖沼の底質に蓄積しやすく，移動しにくい性質があるため，底質と土壌の濃度は変化が少ないが，やはり減少傾向にある．人の体内への蓄積量は，母乳を用いて計測した例があり，1970年代以降減少している（図5.2.5）．

表5.2.4　ダイオキシン類の環境中への排出量

2012年

			g-TEQ/年
削減目標設定対象			134(1)*
	廃棄物処理分野		80(1)*
		一般廃棄物処理施設	31
		産業廃棄物処理施設	27
		小型廃棄物処理施設等（法規制対象）	14
		小型廃棄物処理施設等（法規制対象外）	9
	産業分野		53(0.6)*
		製鋼用電気炉	21
		鉄鋼業焼結施設	14
		亜鉛回収施設	1
		アルミニウム合金製造施設	8
		その他の施設	9
	その他		0.1(0.1)*
		下水道終末処理施設	0.1
		最終処分場	0.0
削減目標設定対象外			2.3～4.1
		火葬場	1.3～3.1
		タバコの煙	0.1
		自動車排出ガス	1.0
合計			136～138(1)*

＊(）は水への排出量（内数）を示す．

出典：環境省「ダイオキシンの排出インベントリー」（2015年）

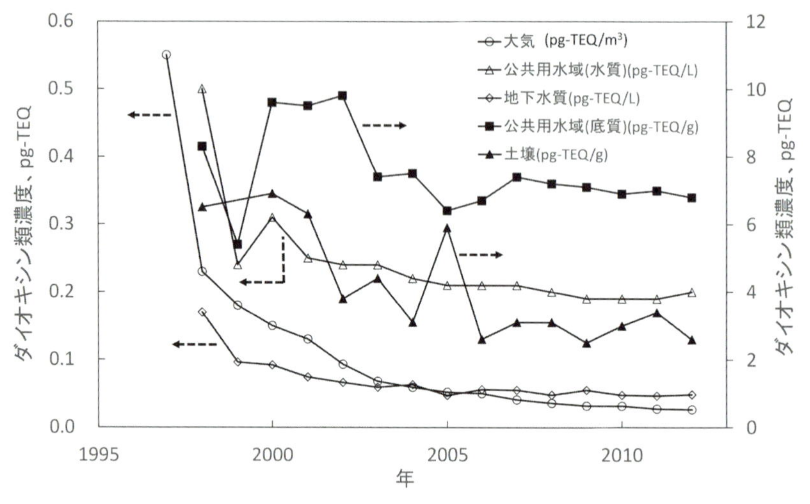

図5.2.4　環境中のダイオキシン類濃度

出典：環境省HP，報道発表資料「ダイオキシン類に係る環境調査結果について」をもとに作成

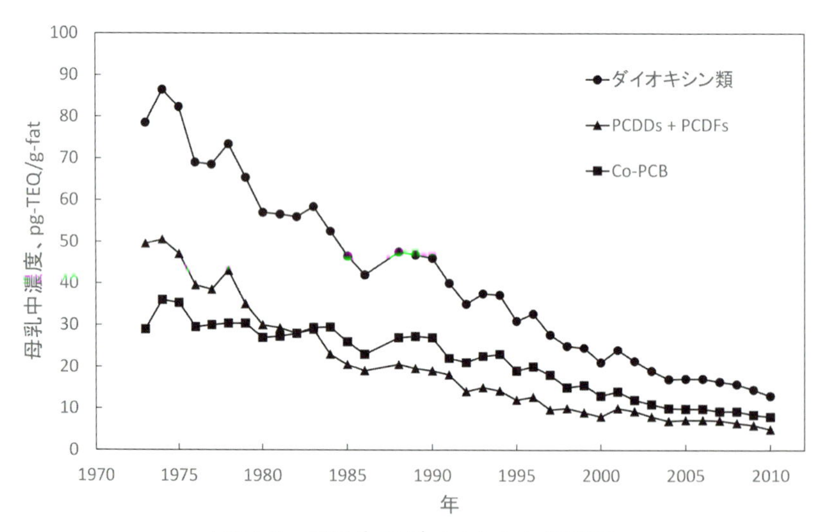

図5.2.5　母乳中のダイオキシン類濃度

出典：環境省　水・大気環境局総務課ダイオキシン対策室「ダイオキシン類」（2012年）をもとに作成

⑹ フロン類

フロン類は炭素と水素の他，フッ素，塩素，臭素などのハロゲンを多く含む化合物の総称である．クロロフルオロカーボン類（CFC）がオゾン層を破壊することが指摘（1974年，米国）され，1985年12月南極大陸にオゾンホールが現れていることが報告された，その面積は年々拡大している（図5.2.6）．オゾン層保護のためのウィーン条約（1985年）に続き，オゾン層を破壊する物質に関するモントリオール議定書（1987年）が採択され，CFCの全廃を含むオゾン層を破壊する物質の全地球的な生産削減が合意（1990年）された．

モントリオール議定書で生産・消費規制の対象物質のうち，CFC，ハロン類，ハイドロクロロフルオロカーボン類（HCFC），四塩化炭素，1,1,1－トリクロロエタンは，京都議定書で排出削減の対象物質には指定されていないが，温室効果が認められる物質である（図5.2.7）．また，ハイドロフルオロカーボン類（HFC），パーフルオロカーボン類

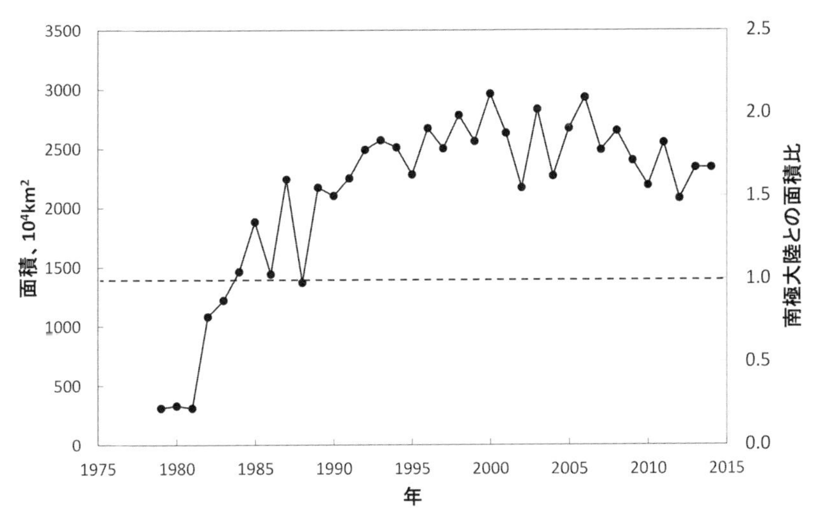

図5.2.6　南極のオゾンホール面積の経年変化

出典：気象庁HP「南極オゾンホールの年最大面積の経年変化」

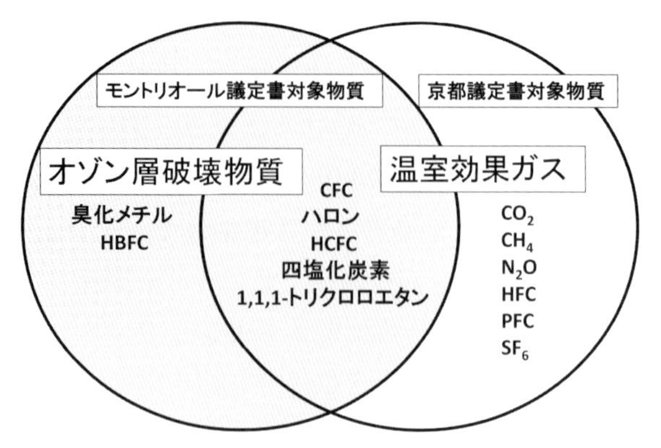

図5.2.7　オゾン層破壊物質および温室効果ガスの種類
出典：環境省委員会資料をもとに作成

(PFC)，六フッ化硫黄（SF_6）は，京都議定書で排出削減対象物質に指定されているが，代替フロンとして，モントリオール議定書の生産・消費規制対象物質に代わって，消費量の増加が予想される．

(7) 揮発性有機化学物質（VOC: Volatile Organic Compounds）

大気中にあるベンゼンやホルムアルデヒドなどの有機化合物のうち，沸点が50～260℃（WHO基準）の有機化合物の総称で，光化学オキシダントや浮遊性粒子状物質を二次的に生成する原因物質になる．その種類は100種類以上もあり，中には発がん性など人の健康に悪影響を及ぼす物質が含まれている．日本では2004年に大気汚染防止法が改正され，2006年から揮発性有機化学物質の排出が規制された．

環境省では有害大気汚染物質の中で，特に優先的に対策に取り組むべき物質（優先取組物質）として23物質が指定されている．そのうち，揮発性有機化学物質に関しては，ベンゼン，トリクロロエチレン，テトラクロロエチレンの3物質について環境基準が定められ，さらに，早急に排出の削減対策をとらなければいけない物質として，排出基準が設けられている．

5.3 化学物質の環境中での形態とその特徴

(1) 大気環境

大気中の主な化学物質には，気体状物質（二酸化炭素〈CO_2〉，硫黄酸化物〈SO_X〉，窒素酸化物〈NO_X〉，光化学オキシダント〈O_X〉，揮発性有機化合物〈VOC〉）および固体状物質（粒子状物質〈PM〉，浮遊粒子状物質〈SPM〉，微小粒子状物質〈PM 2.5〉，エアロゾル）などがある．発生源には，火山噴火や黄砂などの自然発生源，工場，事業所，一般家庭などの固定発生源，自動車，船舶，鉄道車両，航空機などの移動発生源がある．

(a) 気体状物質

二酸化炭素は温暖化効果ガスの一物質である．人類の活動による排出量（313億 t/年〈2011年〉）が自然の吸収量（約114億 t/年）を超えているのが原因であり（図5.3.1），大気中の濃度は年2.0 ppm ずつ増加している（表2.2.2，図2.2.7）．

硫黄酸化物は，主に石炭や石油など，化石燃料の燃焼によって発生する．燃焼によって燃料中に含まれている硫黄が酸素と反応し，生成

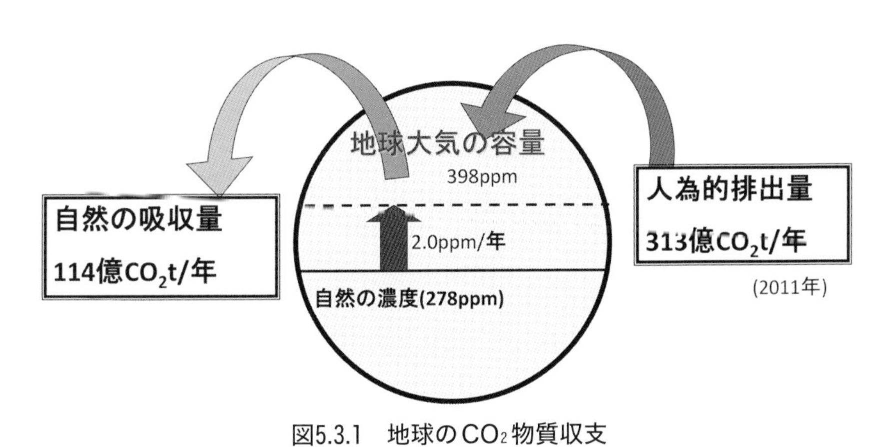

図5.3.1　地球のCO_2物質収支

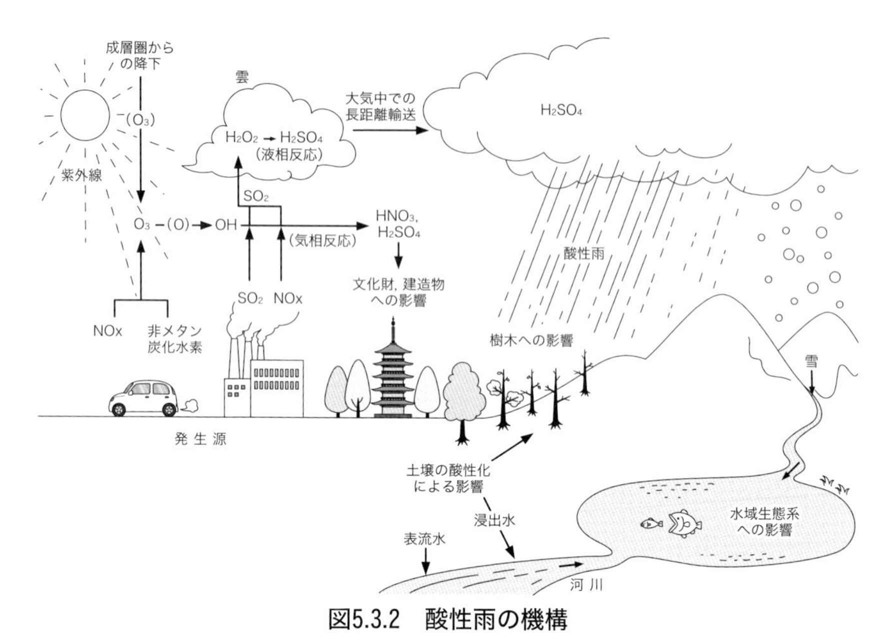

図5.3.2　酸性雨の機構

明治大学，環境科学講義資料を一部改訂．

する．生成した硫黄酸化物はSO_2が大部分であるが，SO_3が１～２％程度含まれている．SO_3は大気中ですぐに液化し，ミスト状で存在する．SO_2は大気中でさらに酸化されSO_3を生成する（図5.3.2）．その主要な反応は，OHラジカルによる連鎖反応である．

$$SO_2 + OH + M \longrightarrow HOSO_2 + M$$

$$HOSO_2 + O_2 \longrightarrow HO_2 + SO_3$$

$$HO_2 + NO \longrightarrow OH + NO_2$$

$$SO_3 + H_2O \longrightarrow H_2SO_4$$

SO_3は水に溶解し，酸性を示す．酸性雨の原因となり，気管支炎やぜんそくなどの健康被害をもたらす．1930～1950年代にかけて，産業やモータリゼーションの発達で，主に都市部で健康被害が多発した（表5.3.1）．

表5.3.1　主な大気汚染事例

場所	年代	発生条件	被害	原因物質
ミューズ（ベルギー）	1930年12月	谷地 無風状態 気温逆転 煙霧発生 工場地帯 　鉄工場３ 　金属工場３ 　硝子工場４ 　亜鉛工場３	通常の死亡数の10倍60名死亡の他，全年齢層の急性呼吸器刺激性疾患の発生．咳嗽，呼吸困難が主症状．家畜，鳥，植物も致死的被害．死亡者は慢性心肺疾患を持っていた者	工場からの亜硫酸ガス，硫酸，フッ素化合物，一酸化炭素，微細粒子など
ドノラ（米国）	1948年10月	谷地 無風状態 気温逆転 煙霧発生 工場地帯 　鉄工場 　電線工場 　亜鉛工場 　硫酸工場	人口１万4000人中，重症11％，中等症17％，軽症15％の全年齢層に肺刺激症状を起こした．18名死亡．いずれも慢性心肺疾患者の咳嗽，呼吸困難，胸部狭窄感が主訴	工場からの亜硫酸ガス，硫酸，微細エアロゾルとの混合
ロンドン（英国）	1952年12月	河川平地 無風状態 気温逆転 煤煙発生 湿度90％ 人口稠密 冷たい臭気のある smog	２週間に4000人の過剰死亡．その後２カ月に8000人の過剰死亡．全年齢層に心肺性疾患多発．入院患者激増．特に，45歳以上は重症．死亡者は慢性気管支炎，喘息，気管拡張症，肺線維症などを有する者	石炭燃料による亜硫酸ガス．60％は家庭のストーブから，その他工場，発電所から．微細エアロゾル，粉じんなど
ロサンゼルス（米国）	1944年〜	海岸盆地 １年を通じて海岸性のもやと気温逆転が毎日起こる． 白い煙霧発生 急激な人口増加 自動車数増加 石油系燃料消費増加	目，鼻，気道，肺などの粘膜の持続的，反慢性刺激．日常生活の不快感（全市民）．家畜，植物果実の被害，ゴム製品，建物の損害	石油系燃料に由来する，SO_2，SO_3，NO_2，アルデヒド，ケトン，酸，芳香族及びオレフィン系炭化水素，アクロレイン，ホルムアルデヒド，オゾン，ニトロオレフィンなど
ポザリカ（メキシコ）	1950年１月	ガス工場の操作事故により大量の硫化水素ガスが町の中に漏れた． 気温逆転	２万2000人のうち，320名が急性中毒になり，22名死亡．咳嗽，呼吸困難，粘膜刺激などが主訴	硫化水素

世界の大気汚染の歴史，環境省資料をもとに作成．

日本でも，1950～1960年代にかけて，四日市市（表4.3.4）だけでなく，千葉県京葉地区，岡山県水島地区など，日本全国の工業都市部で発生した．1952年にはロンドンで4000人以上死亡した事例がある（表5.3.1）．

日本の二酸化硫黄濃度の年平均値は0.002 ppmであり，近年は低濃度で安定した状態にある（図5.3.3）．降水の酸性度は最近5年間の平均値がpH 4.72であり，酸性化が進行している．

窒素酸化物は燃料を高温で燃やす時に，空気中や燃料中の窒素が酸素と反応して生成する．

$$N_2 + O_2 \rightleftarrows 2NO$$

この反応は平衡反応であり，高温ほど反応は右に進み，NOを生成する．NOからはNO_2やN_2Oなどの窒素酸化物（NO_X）が生成する．

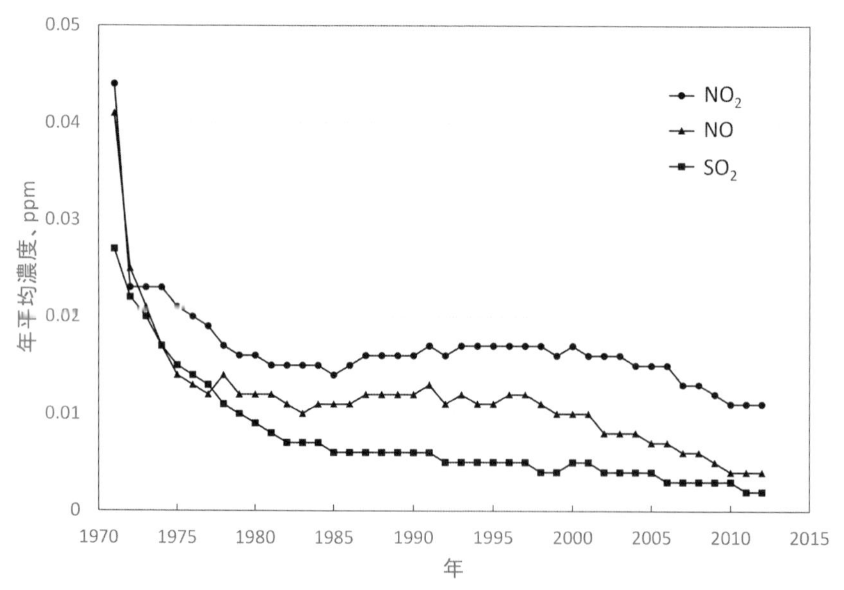

図5.3.3　NO_2，NO，SO_2 濃度の推移

「環境・循環型社会・生物多様性白書」（平成25年度版，環境省，2013年）をもとに作成．

$$2NO + O_2 \longrightarrow 2NO_2$$

$$NO + NCO \longrightarrow N_2O + CO$$

大気中に放出されたNOは，さらに酸化され，NO_2やN_2O_5となり，空気中のH_2Oと反応して，HNO_3を生成する．HNO_3は大気中の金属塩と反応して，硝酸塩の粒子状物質を生成する．

$$NO + O_2 \longrightarrow NO_2 + O$$

$$NO_2 \xrightarrow{h\nu} NO + O$$

$$NO + O_3 \longrightarrow NO_2 + O_2$$

$$NO_2 + O_3 \longrightarrow NO_3 + O_2$$

$$NO_2 + NO_3 \rightleftarrows N_2O_5$$

$$N_2O_5 + H_2O \longrightarrow 2HNO_3$$

さらに，太陽光による光反応でOHラジカルが生成すると，NO_2から直接HNO_3が生成する．

$$NO_2 + OH + M \longrightarrow HNO_3 + M$$

NO_XからHNO_3を生成するまでの一連の反応は，気相反応であり，硫黄酸化物のような液相を介する反応は確認されていない．また，NO_Xは光化学オキシダントの原因物質となり，呼吸器系の疾患を発生する．光化学オキシダントの主成分はオゾンであるが，ペルオキシアシルナイトレート，ペルオキシベンゾナイトレートなどの酸化性物質を含んでいる．

日本の二酸化窒素濃度は年平均0.02 ppmであり，緩やかな減少傾向にある（図5.3.3）が，光オキシダント濃度はここ数年増加傾向にある（図5.3.4）．

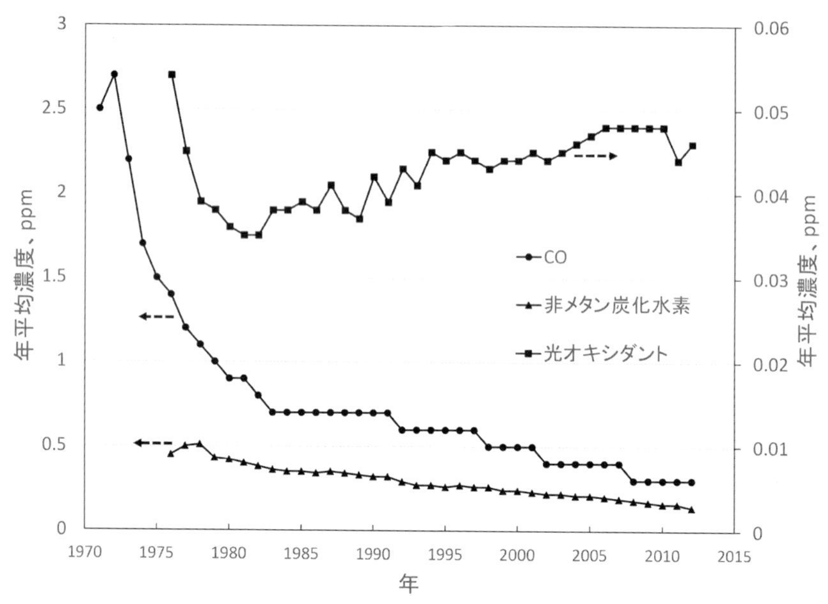

図5.3.4　CO，非メタン炭化水素，光オキシダント濃度の推移

「環境・循環型社会・生物多様性白書」（平成25年度版，環境省，2013年）をもとに作成.

(b) 粒子状物質

大気中には，直径が0.01〜100 μm 程度のさまざまな粒子状物質が浮遊しており（図5.3.5），これをエアロゾルと呼んでいる．エアロゾルには，火山活動，砂塵，嵐など自然起源のものと，燃焼などによる人為起源のものがある（図5.3.6）．また，大気中に直接（一次発生源）粒子として排出されるものを一次粒子，発生源から排出された前駆体（二次発生源）が大気中で凝縮および光化学反応により変化して二次的に生成するものを二次粒子と呼んでいる．エアロゾルの存在は大気中での化学物質の移動，沈降，蓄積の機構を理解するうえで重要な働きをしている．

エアロゾルの化学成分は無機成分（金属成分〈Al，Fe など〉，塩〈硫酸塩，硝酸塩，塩化物〉，無機炭素）および有機成分（塩基性〈アミン類〉，中性〈多環芳香族炭化水素，脂肪族炭化水素など〉，酸性〈カルボ

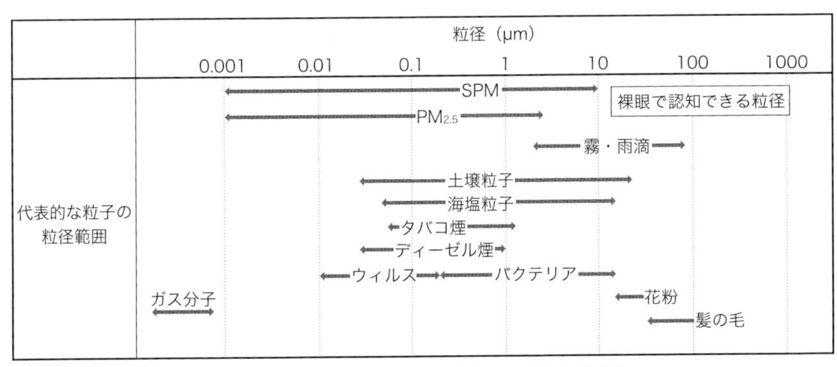

図5.3.5　代表的な一次粒子の粒径範囲

Hinds,W.C., 1999, Aerosol Technology, A Wiley-Interscience Publication. をもとに作成.

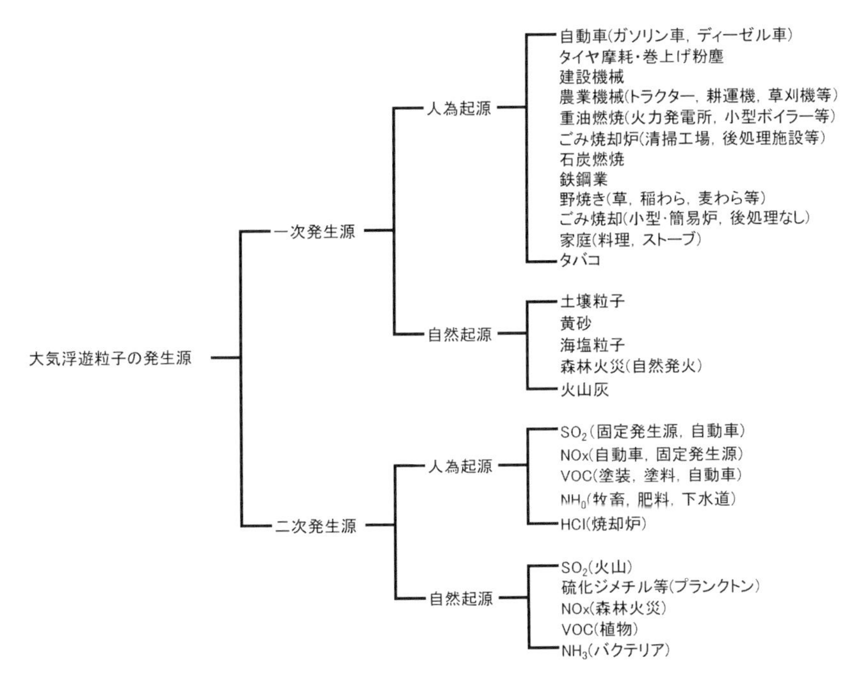

図5.3.6　粒子状物質の一次，二次発生源

ン酸など〉，有機性炭素）である．

エアロゾルは太陽光および熱赤外放射光を吸収，散乱し，気候変動に大きな影響（直接効果）を与える．放射強制力と呼ばれている．エアロゾルの放射強制力は寒冷効果を生み出す負の影響であり，二酸化炭素は温暖化を促進する正の放射強制力である．エアロゾルによる負の放射強制力は二酸化炭素による正の放射強制力の７割を打ち消すレベルにあるといわれている．間接的な影響としては，雲に取り囲まれて雲の物理特性，放射特性，雲量を変化させる効果がある．

日本では浮遊粒子状物質（SPM）は粒径10 μm 以下の粒子をさす．米国などでは粒径10 μm 以下の粒子を PM 10，2.5 μm 以下の粒子を PM 2.5と呼んでいる．PM 2.5は SO_x，NO_x，VOC などが光化学反応などにより二次的に生成するもので，細かい粒子ほど肺の内部まで到達し，肺がんなどの発症率が増加する．

日本では2009年に微粒子状物質（PM 2.5）の環境基準（１日平均35 $\mu g/m^3$ 以下，１年平均15 $\mu g/m^3$ 以下）が設けられた．しかし，西日本を中心に環境基準値（１日平均35 $\mu g/m^3$ 以下）を大きく超える高濃度の値がたびたび観測されていることから，2013年に１日平均70 $\mu g/m^3$ の指針値が暫定的に設けられ，超過すると予想されるときには注意喚起を行うこととされた．日本の浮遊粒子状物質の濃度は0.02 mg/m^3，微小粒子状物質（PM 2.5）は15 $\mu g/m^3$ である．

⑵ 水環境

水は様々な化学物質を溶解し，また電解質の性質により，微粒子やミセル状の有機物を分散，凝集する（図2.1.4，図2.1.5）．水中に浮遊する微粒子は様々な物質を吸着し，移動，沈降，蓄積する．また，水中の化学物質は食物連鎖によって，より高次の消費者に濃縮される（表5.1.2，表5.2.2）．

産業の発達，人口の増加および都市部への集中が，自然の浄化能力を超えた量の化学物質を水環境中に排出し続けた結果，様々な水質汚濁問題が発生した（表5.3.2）．同時に，化学工業の発展は自然の力では浄化されない難分解性の物質を生み出し（表5.3.3），その一部は環境中に排出された．日本の４大公害病のうち水俣病，新潟水俣病，イタイイタイ病は工場排水による水質の汚濁が原因である（表4.3.4）．

表5.3.2　水質汚濁の原因

分類			原因	特徴
自然的汚染源			自然界	通常，局所的に発生する．危害が地域性を持つ
人為的汚染源	点汚染源	工場排水	企業が生産過程において排出した排水，工程用水，冷却水，洗煙排水，設備・工場の掃除用水と生産廃液などを含む	汚染量が多い．汚染物質が複雑で浄化しにくい．毒性が強く，色と臭いがあり，水量と水質の変化が大きい
		生活排水	日常生活において排水された汚水の混合液．台所，洗浄室，浴室，公共施設などから出た汚水を含む	生活汚水の中の99％が水である．固形物は0.1％以下である．窒素，リン，硫黄の含有量が高く，細菌が多い．種類が違う病原菌，ウィルス，寄生虫の卵などを含む．用水量は季節によって変化する
	面汚染源	農業面源	農作物の栽培，家畜の飼育及び食品を加工する際に出た汚水と液体廃棄物	窒素，リンの含有量が高い．主な成分は微生物，化学肥料，農薬，非溶解性固体と塩分を含む
		都市面源	都市部雨水による地表水	面積が大きく，成分が複雑
		大気中の汚染物	大気沈下物	工場などの固定排出源と自動車からの排出が主であるが，野焼きなどからも発生する

『環境教育に関する高校生用ハンドブック』（国際協力銀行，山口大学，平成20年５月）をもとに作成．

表5.3.3　主な水質汚濁物質

分類	特徴	代表的な化合物
無機物	無毒	酸，アルカリ，および一般的な無機塩植物栄養物質（N，Pなど）
有機物	有毒	重金属，シアン化合物，フッ化物，硫化物など
	無毒	好気汚染物（炭水化物等）
	有毒	ビフェノール類化合物，有機塩素農薬，石油，POPs
その他の物質	放射性	放射性元素あるいは同位体（Sr，Cs，Puなど）
	病原微生物	ウィルス，病原菌，寄生虫
	発癌物質	芳香族化合物，芳香アミン類，ニトロソ基化合物，有機塩素化合物
	熱汚染	熱排水

『環境教育に関する高校生用ハンドブック』（国際協力銀行，山口大学，平成20年5月）をもとに作成．

(a) 河川

都市部を流れる河川は都市人口の増加により生活排水による汚染，富栄養化が起こり，下水道設備のない地域で汚染が深刻化している．工業地と隣接している都市では工場排水による汚染が発生する．排水処理設備が整備されていない工場地域では汚染が深刻化している．

水田，畑地，放牧地などを流れる河川には肥料や農薬が流れ込み富栄養化や水質汚濁が発生する．また，放牧地では家畜の糞尿からアンモニア態などが流出し，水域の富栄養化を引き起こす．

(b) 海洋

河川を通して海に流れ込む生活排水，工場排水などにより汚染が発生する．また，沿岸域の開発により生態系が破壊され，汚染物質が海に流入する．加えて，不法投棄，船舶の運航により油，有機液体物質の排出による汚染，大気中に排出された化学物質が雨などとともに海洋に落下し生じる汚染，タンカー事故や戦争による汚染などがある．

(c) 湖沼

湖沼は水の循環が遅く，物質の交換・浄化能力が弱いため，汚染物質が長期間にわたり滞留し，水質の悪化と富栄養化をもたらす．

(3) 土壌，地下環境

主な土壌汚染物質には農薬や化学肥料，工場から排出される有機汚染物質や重金属，病原微生物，放射性物質などがある（表5.3.4）．土壌および地下環境中の化学物質は水を媒体にして土壌や地下の岩石などの無機質や腐植質に吸着，あるいは腐食酸などの有機物とイオン交換を行うことで移動，蓄積する．

有機溶剤，農薬，油，重金属などが地下に浸透し，土壌や地下水が汚染され，飲用水や農作物を通して人の健康や生態系に影響を与える（図5.3.7）．有害物質が地下に浸透することで地上にいる生物には分かりづらいものとなる．地下水は水の循環が起こりにくく，長期間にわたり汚染物質が滞留する．

産業や都市活動の発達に伴い，工場，ガソリンスタンド，クリーニング店などで土壌汚染や地下水の汚染が起こる事例が増加している（表4.3.3）．

表5.3.4　主な土壌汚染物質

汚染物	汚染物質
有機物	農薬（有機塩素系農薬，有機リン系農薬），除草剤，工業や産業活動の中で排出される有機汚染物質（フェノール，油，ポリ塩化ビフェニル，ベンゾピレン，トリクロロエチレンなど）
重金属	銅，カドミウム，クロム，ヒ素，亜鉛，水銀など
化学肥料	肥料中のN，Pなど
病原微生物	腸細菌，破傷風菌，結核菌など
放射性物質	ストロンチウム，セシウム，ウラン，トリウム，プルトニウムなど

『環境教育に関する高校生用ハンドブック』（国際協力銀行，山口大学，平成20年5月）をもとに作成．

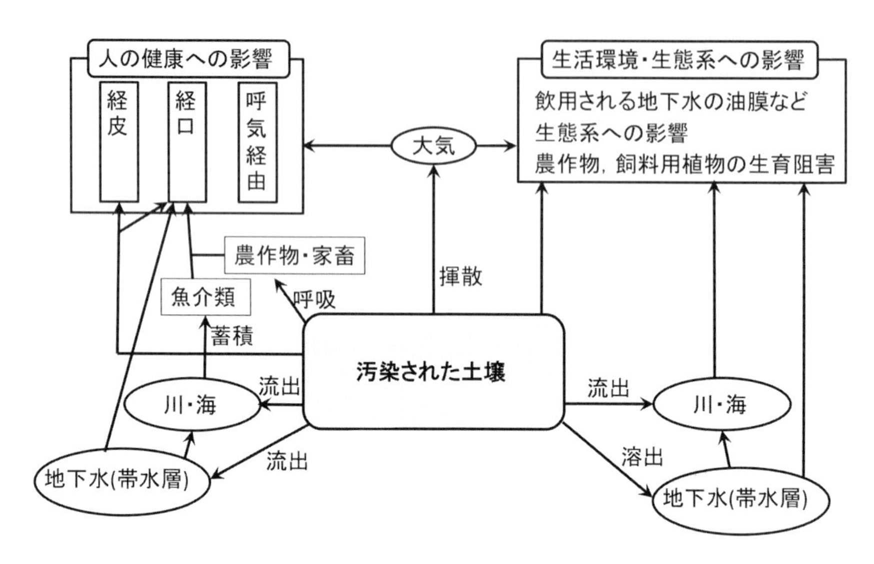

図5.3.7　土壌汚染経路の概念図

出典：「土壌汚染対策法のしくみ」（環境省・㈶日本環境協会）をもとに作成

6．化学物質の管理と法体系

6.1 化学物質に関する法体系

化学物質は，その性質から，火災・爆発性のあるもの（消防法），毒性のあるもの（毒物および劇物取締法），変異原性（発癌性）のあるもの（労働安全衛生法），用途から，医薬品・化粧品など（薬事法），食品添加物など（食品衛生法），農薬（農薬取締法），一般化学品（家庭用品規制法）などによって規制されている．それぞれの法律は，労働環境，室内，一般環境など，人が化学物質に暴露される状況，および急性毒性や長期毒性など，人の健康への影響の両観点から管理体系が定められている（図6.1.1）．また，環境に排出された化学物質が人の健康や生態系，あるいは地球環境に直接影響を与えるのを防止する目的で，化学物質審査規制法，化学物質排出把握管理促進法が定められている．

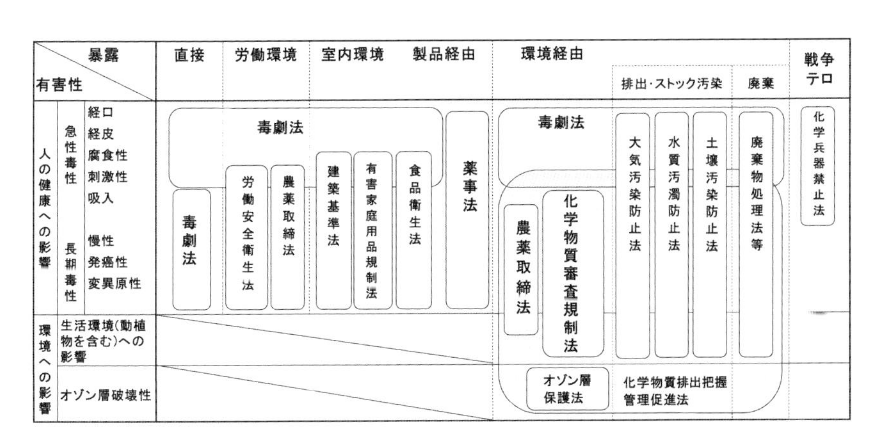

図6.1.1　化学物質管理の法体系

「化学物質管理政策の現状と課題」（経産省，平成24年10月）をもとに作成．

6.2 化学物質審査規制法 (通称化審法)

(化学物質の審査及び製造等の規制に関する法律)

環境汚染や健康被害を引き起こす可能性がある物質を指定し，有害性の程度により５段階に分類している．カネミ油症事件（1968年）による環境汚染や健康被害を教訓に，1973年に制定され，2011年に改正された．

①第１種特定化学物質 (16物質)

難分解・高蓄積，ヒトへの長期毒性または高次捕食動物への長期毒性がある化学物質．製造・輸入の許可制（事実上禁止），政令指定製品の輸入禁止，政令指定用途以外での使用禁止と表示および回収措置を義務付けている．PCB など．

②第２種特定化学物質 (23物質)

低蓄積，ヒトへの長期毒性または生活環境動物への長期毒性がある化学物質．製造・輸入の数量，用途等の予定，実績の届出，必要に応じて製造・輸入予定数量等の変更命令，取り扱いに関わる技術上の指針の公表，勧告および表示を義務付けている．トリクロロエチレンなど．

③監視化学物質 (36物質)

難分解・高蓄積および毒性は不明だが，ヒトへの暴露状況や有害性についての監視が必要な化学物質．製造・輸入の実績数量，詳細用途の届出と取扱業者に対する情報伝達に努力することを義務付けている．HgO など．

④優先評価化学物質 (177物質)

低蓄積，ヒトへの長期毒性の疑いがある化学物質．製造・輸入の実績数量，詳細用途の届出と取扱業者に対する情報伝達に努力することを義務付けている．

⑤一般化学物質（２万8000物質）

製造・輸入数量が１t/年以上の化学物質で用途等の届出を義務付けている.

6.3 化学物質排出把握管理促進法（化管法〈通称PRTR法〉）

（特定化学物質の環境への排出量の把握等および管理の改善の促進に関する法律）

OECDの勧告により1999年に制定され，2008年に改正された．24業種の事業所が対象で，事業者が対象の化学物質ごとに環境への排出量または廃棄物としての処理（移動）量を行政に報告する制度（PRTR制度）である.

化管法によって規制される化学物質は，人の健康や動植物の生育に悪影響を及ぼす恐れのあるもの，自然界での変化によって人の健康や動植物の生育に悪影響を及ぼす恐れがある物質を生成するもの，オゾン層を破壊して太陽からの紫外線量を増加させるものである.

対象となる化学物質は，生産量，輸入量，使用量の程度によって２段階に分類されている.

①第１種指定化学物質（462物質，うち15物質が特定第１種指定化学物質）

PRTR制度によって報告が義務付けられている.

②第２種指定化学物質（100物質）

今のところ報告義務はない.

また，化管法では有害性の恐れのある化学物質およびそれを含有する製品をほかの事業者に譲渡，提供する際に，化学物質等の性状および取り扱いに関する情報の提供を義務付けている（指定化学物質等取扱事業者による情報の提供制度〈MSDS制度〉）．MSDS制度では第１種指定化学物質と第２種指定化学物質を合わせた562物質が対象となっている．化学物質を扱うすべての事業者が対象で，業種，事業規模，取扱量の要件はない.

6.4 化学物質の管理に関する国際動向

⑴ 人間環境宣言（国連人間環境会議，ストックホルム，1972年）

７項目の前文と26項目の原則から構成されている．環境保全，環境問題に取り組む原則を明らかにした．現在および将来の世代のための人間環境擁護と向上が人類にとっての至上の目標であり，平和と世界的な経済発展の基本的，かつ確立した目標であるとした．環境や自然資源の保護責任，環境教育の必要性，核兵器などによる人類，環境の大量破壊の回避などを提示している．世界人権宣言（1948年）に匹敵する重要な宣言である．

①26原則６項

生態系に重大または回避できない損害を与えないため，有害物質やそのほかの物質や熱を環境の能力を超えて排出することを禁止する．

②26原則７項

各国は人間の健康に危険をもたらし，生物資源と海洋生物に害を与え，海洋の快適な環境を損ない，海洋の正当な利用を妨げるような物質による海洋の汚染を防止するため，あらゆる措置を取らなければならない．

⑵ アジェンダ21（環境と開発に関する国際連合会議〈地球環境サミット〉，1992年）の第19章

1992年にブラジル・リオデジャネイロで開かれた「環境と開発に関する国際連合会議（地球環境サミット）」で採択された21世紀への具体的な行動計画，「アジェンダ21」の第19章で，有害かつ危険な製品の不法な国際的取引の防止を含む有害化学物質の環境上適正な管理に向けた行動計画が提案された．

６つのプログラム領域と１つのサブセッションが設置された．

①リスク評価

a）化学物質によるリスクの国際的評価の拡充と促進

②情報提供

b）化学物質の分類と表示の調和

c）有害化学物質及び化学物質によるリスクに関する情報交換

③リスク管理

d）リスク削減計画の策定

e）有害および危険な製品の不法な国際取引の防止

④体制整備

f）化学物質管理に関する国レベルの対処能力の強化

⑤国際協力

g）いくつかのプログラムに関連した国際協力の強化

⑶ 持続可能な開発に関する世界首脳会議（WSSD: World Summit for Sustainable Development）

国連環境開発会議から10年目の2002年に「持続可能な発展」をテーマに南アフリカ・ヨハネスブルグで開催された．

化学物質，有害廃棄物の適正な管理に関して，アジェンダ21の公約を再確認した．さらに，化学物質の生産・使用が人の健康，環境にもたらす著しい悪影響を，リスク評価の手続き，リスク管理の手続きを使って，環境と開発に関する国際連合会議（1992年）で合意されたリオ宣言第15原則に留意しつつ，2020年までに最小化を目指すことを確認した．

（リオ宣言　第15原則）

環境を保護するためには各国より，それぞれの能力に応じて予防的アプローチを広く適用されなければならない．

深刻な，あるいは不可避な損害の恐れがある場合には，完全な化学的確実性の欠如が，環境悪化のための費用，効果的な措置を延期するための理由とされるべきではない．

また，国際的な化学物質管理に関する戦略的アプローチ（SAICM）を2005年までに策定することを確認した．

⑷ 国際的な化学物質管理のための戦略的アプローチ（SAICM: Strategic Approach to International Chemicals Management, ドバイ宣言，2006年）

国際化学物質管理会議（ICCM）が2006年にドバイで開催され，SAICMを採択した．

SAICMは30項目の政治宣言文からなり，以下のような内容が含まれている．

①地球規模の化学物質の生産，使用，特に途上国における化学物質管理の負荷の増大により，社会の化学物質管理の方法に根本的な改革が必要である．
②ヨハネスブルグ実施計画の2020年目標を確認した．
③子供，胎児，脆弱な集団を保護する．
④化学物質のライフサイクル全般にわたる情報，知識を公衆が利用できるようにする．
⑤国の政策，計画，国連機関の作業プログラムの中にSAICMを統合する．
⑥化学物質及び有害廃棄物の適正管理を達成するため，すべての関係者の対応能力を強化する．
⑦ボランタリーベースで公的，民間の財源から，国家的，国際的資金を活用し，南北格差是正の技術，財政支援を実施する．

同時に，包括的方針戦略と世界行動計画を策定した．

a）包括的方針戦略

SAICMの対象範囲，必要性，目的，財政的事項，原則とアプローチ，実施と進捗の評価について言及した．

b）世界的行動計画

SAICMの目的を達成するため，関係者がとりうる行動についてのガイダンス文書として，273の行動項目をリストアップした．

⑸ OECD HPVプログラム

1992年からOECD加盟国のいずれかで年間1000t以上製造・輸入されている物質（約4800物質）を対象とし，加盟国の政府が安全性情報（SIDS項目）の収集を開始した．1992年から化学産業界（ICCA：国際化学工業協会協議会）が積極的に参画している（ICCAイニシアチブ）．日本からも㈳日本化学工業協会が中心となり参画，2005年6月から，「官民連携既存化学物質安全情報収集発信プログラム」（Japanチャレンジプログラム）が開始され，既存化学物質の安全性点検を加速している．

⑹ 化学品の分類および表示の世界調和システム（GHS）

化学物質の危険有害性の分類基準を国際的に統一し，その分類に応じた国際的な調和された適切なラベル表示（図6.4.1）と安全データシートによる危険有害性情報の伝達を目指す制度である．「アジェンダ21」第19章のプログラム領域Bで提起された．2002年WSSDで2008年完全実施が合意されている．さらに，2003年7月，国連経済理事会でGHSに関する理事会勧告を採択している．

⑺ REACH（Registration, Evaluation, Authorization of Chemicals）

化学物質とその安全な使用・取扱・用途に関する欧州連合（EU）の法律であり．化学物質に対して，登録，評価，許可および規制制度を適用する．2006年12月に可決され，2007年6月より実施された．生産者・輸入者は生産品・輸入品の全化学物質（1t/年以上）について，ヒトおよび地球環境への影響についての調査および欧州化学物質庁への申請・登録を義務付けられる．さらに，欧州化学物質庁が公示している規制物質については使用のための許可を受けることが必要となる．化学物質の登録は2010年から2018年まで生産量に応じて段階的に実施される．

可燃性又は引火性ガス
(化学的に不安定なガスを含む)
自己反応性化学品，自然発火性液体・固体，自己発熱性化学品，水反応可燃性化学品，有機過酸化物

爆発物，自己反応性化学品
有機過酸化物

高圧ガス

急性毒性 (区分1～区分3)

急性毒性 (区分4)，皮膚刺激性
眼刺激性，皮膚感作性
特定標的臓器(区分3)
オゾン層への有害性

呼吸器感作性，生殖細胞変異原性
発癌性，生殖毒性
特定標的臓器毒性(単回暴露)
特定標的臓器毒性(反復暴露)
吸引性呼吸器有害性

水生環境有害性

金属腐食性物質，皮膚腐食性，
眼に対する重篤な損傷性

支燃性又は酸化性ガス，
酸化性液体・固体

図6.4.1　GHSラベル表示
環境省「化学品の分類および表示に関する世界調和システムについて」(2013年)をもとに作成．

7．放射性物質の生体影響

7.1 放射線の種類と放射性物質

地球上には自ら放射線を出して別の物質に変化する物質がある．自ら放射線を出す物質を放射性核種，放射線を出して別の物質に変化することを壊変という．放射性核種は自発的に放射線を出して壊変し，別の放射性核種に変化する．壊変する核種を親核種，壊変の結果生じたものを娘核種という．生成した娘核種はさらに放射線を出して壊変し，別の娘核種に変化し，最終的には安定な核種へと変わっていく．このように，次々と壊変を繰り返し，安定な核種に変化していく一連の核種の系列を壊変系列という．天然の代表的な系列には，ウラン（U）を親核種とするウラン系列とアクチニウム系列，トリウム（Th）を親核種とするトリウム系列が知られている（図7.1.1）．ウラン（U），トリウム（Th）とも地殻の中に微量に存在する物質である．放射性核種の壊変によって生じる放射線には，アルファ線（α線），ベータ線（β線）とガンマ線（γ線）がある．

α線はヘリウムの原子核であり，親核種がα線を放出すると，生成した娘核種は原子番号が2，質量数が4減少する．β線は，親核種の中性子または陽子から放出される電子または陽電子であり，中性子から電子が放出されると，娘核種の原子番号が1増加し，陽子から陽電子が放出されると，原子番号が1減少する．その際，質量数は変化しない．α線，またはβ線を放出して生成した娘核種はまだ励起状態にあり，不安定なため，γ線を放出して安定化する場合がある．γ線を放出しても原子番号および質量数は変化しない．

放射線は放射性核種の壊変以外に，人工的にも作ることができる．私

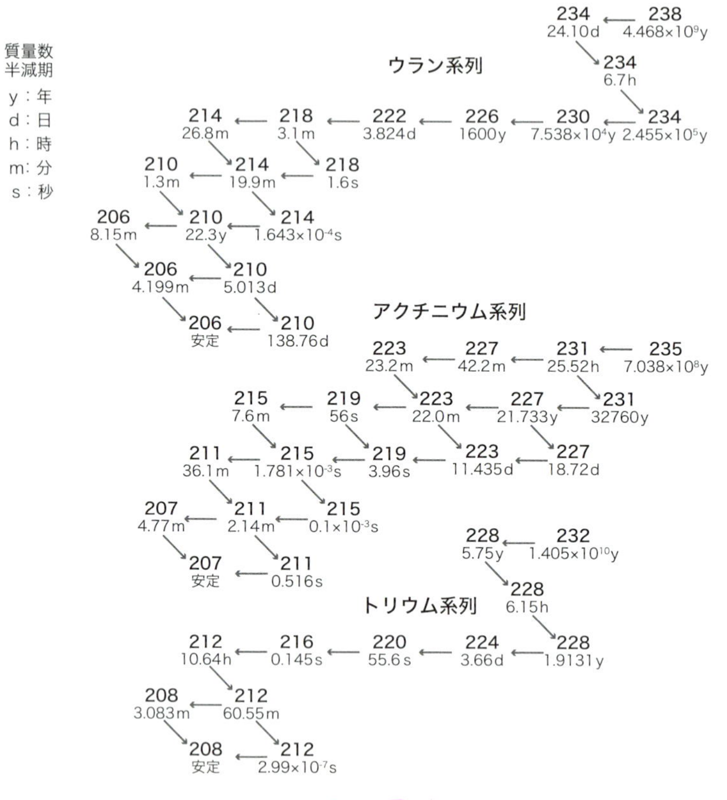

図7.1.1　壊変系列

たちが健康診断のときに撮るレントゲンは人工的に作り出された放射線で，X線という．また，原子炉の中でウラン燃料が核分裂を起こすと中性子線が放出される．

放射線とは，広義に，離れたところにエネルギーを伝える性質のあるものを指す．離れたところにある物質にエネルギーを供給し，その物質が電離をおこすほど高エネルギーの放射線を電離放射線，電離させる能力のない放射線を非電離放射線という（表7.1.1）．放射線には，電磁放

表7.1.1　放射線の種類

<table>
<tr><td rowspan="2">粒子放射線</td><td>荷電粒子放射線</td><td>α線，β線（電子線），陽子線，陽電子線，重粒子線</td><td rowspan="3">電離放射線</td></tr>
<tr><td>非荷電粒子放射線</td><td>中性子線</td></tr>
<tr><td colspan="2" rowspan="2">電磁波放射線</td><td>γ線，X線</td></tr>
<tr><td>紫外線，可視光線，赤外線，マイクロ波，電波</td><td>非電離放射線</td></tr>
</table>

射線と粒子放射線がある（表7.1.1）．電磁放射線には波長の短いγ線，X線から，電子レンジに使われているマイクロ波，ラジオやテレビの電波まで，すべての電磁波が含まれる．粒子放射線には，α線，β線などの荷電粒子放射線と中性子線の非荷電粒子放射線がある．

放射線には，電荷をもつ荷電粒子，持たない非荷電粒子，電磁波と，さまざまな種類があるため，種類によって透過度が異なる（図7.1.2）．電荷をもち質量の大きいα線は紙を透過することができないが，ほかの放射線は透過できる．電荷をもつが質量の小さいβ線はアルミニウム等の薄い金属板を透過できない．しかし，γ線やX線と中性子線は透過してしまう．γ線やX線は鉛や厚い鉄の板で止まるが，中性子線を止めるには，水やコンクリートが必要である．

放射線の強さや物質，生体などへの影響の程度を表すには，放射能，半減期，照射線量，吸収線量，等価線量などの諸量が用いられる（表7.1.2）．放射能とは，放射性物質が放射線を出す能力を表し，1秒当たりに何個の原子核が壊変して，放射線を出すかを表す（個/s）．単位はベクレル（Bq）が用いられる．放射線の種類や強さは関係しない．また，放射性核種の原子核の半数が壊変するまでにかかる時間を半減期という．照射線量はガンマ線やX線の強度を表す量で，単位質量（kg）の空気を電離してできた電荷量（クーロン〈C〉）で表す．単位はC/kgである．吸収線量は放射線が透過中に物質の単位質量あたりに与えたエネルギーの平均値で表す（J/kg）．単位はグレイ（Gy）が用いられる．ヒ

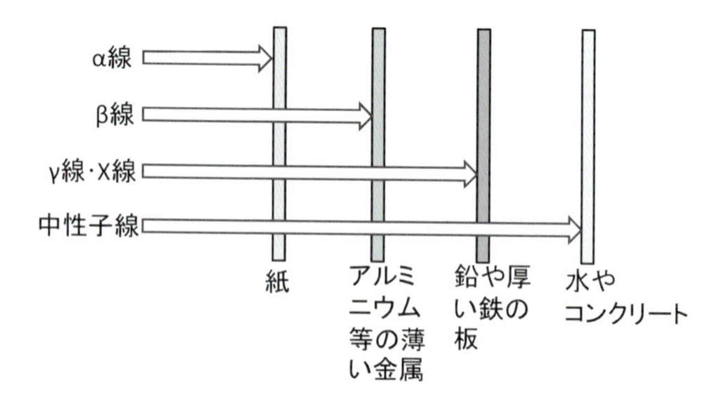

図7.1.2　放射線の透過性

表7.1.2　放射線の諸量と単位

	単位	SI 単位	
放射能	Bq	s^{-1}	放射性核種の原子核が 1 秒間に崩壊する数.
半減期	年, 日, 秒	s	放射性核種の原子核の半数が崩壊するまでにかかる時間.
照射線量	C·kg^{-1}	C·kg^{-1}	X 線, γ 線の強度を表す量. 単位質量 (kg) の空気を電離してできた電荷量.
吸収線量	Gy	J·kg^{-1}	放射線が透過中に物質の単位質量 (kg) あたりに与えたエネルギーの平均値.
等価線量	Sv	J·kg^{-1}	人の組織や臓器に対する放射線の影響は放射線の種類やエネルギーによって異なるため, 吸収線量を放射線の種類によって補正した線量. 放射線の種類の補正には放射線荷重係数が用いられる.
実効線量	Sv	J·kg^{-1}	等価線量が同じでも組織や臓器の種類によって放射線の影響が異なるので, 等価線量を組織・臓器の放射線感受性で補正した値. 組織・臓器の放射線感受性には組織荷重係数が用いられる.

トの組織や臓器に対する放射線の影響は放射線の種類や強さによって異なるため，吸収線量で評価するのは困難である．そこで，放射線の種類によって吸収線量を補正した値が用いられる．補正には放射線荷重係数が用いられ，等価線量は吸収線量に放射線荷重係数を乗じて求められ，単位はシーベルト（Sv）が用いられる．放射線荷重係数は，γ線，X線とβ線が1，α線が20，中性子線はエネルギーの大きさによって異なり，5～20である．実効線量は等価線量が同じでも，組織や臓器の種類によって放射線の影響が異なるため，組織や臓器ごとの放射線感受性を考慮し，補正した値である．実効線量は等価線量に組織荷重係数を乗じた値で表され，単位は等価線量と同じシーベルト（Sv）が用いられる．組織荷重係数は，骨髄，結腸，肺，胃，乳房が0.12，生殖器が0.08，肝臓，食道，甲状腺，膀胱が0.04，皮膚，骨表面，脳，唾液腺が0.01，その他の組織・臓器（14臓器）の平均線量に対し0.12で，組織荷重係数の総計は1になる．

7.2　放射線による生体影響

放射線が生体に吸収されると，10^{-17}～10^{-13}秒の非常に短い時間に生体を構成する原子や分子が電離され，励起される．励起された原子や分子は周囲の分子などと反応し，二次生成物やラジカルを生成する．生体の70%を占める水は水素ラジカルや酸化力の強いヒドロキシルラジカルに分解し，タンパク質やDNAなどの生体分子と反応する．ここまで，10^{-8}～10^{-3}秒という非常に短い時間に起こる．放射線被曝後，数秒から数時間で，DNAやタンパク質の構造に変化が生じ，生体機能の変調が現れる．数日から数週間で体細胞に障害が現れ，骨髄の造血細胞や腸管の上皮細胞が死滅すると血球の減少や出血，腹痛，下痢，嘔吐などが起こる．長期的には免疫力の低下や発癌，遺伝的影響が現れる．

放射線による生体影響のうち，一度に大量の放射線に被曝した直後から数週間以内に起こる影響を急性効果，被曝後，しばらく症状の現れない潜伏期間があるものを晩発効果と呼んでいる．代表的な晩発効果には，癌・白血病や白内障，寿命短縮，不妊がある．

組織の放射線感受性については，ベルゴニー・トリボンドーの法則が知られている．

◆ベルゴニー・トリボンドーの法則

1）細胞は分裂頻度の高いもの程，放射線感受性が高い．

2）将来，分裂回数が大きいもの程，放射線感受性が高い．

3）形態および機能において未分化なもの程，放射線感受性が高い．

組織の放射線感受性は造血組織とリンパ組織が最も高く（表7.2.1），0.25 Gy の被曝で24時間以内に，1 Gy 以上の被曝で直後から数が減少する．次に感受性の高い組織が生殖組織である．小腸上皮，水晶体，毛嚢，粘膜組織などの細胞分裂が活発な組織が次いで高く，肺，腎臓，肝臓，唾液腺などの組織がその次である．骨，脂肪，神経細胞など，細胞分裂のあまり活発でない組織は感受性が最も低くなる．

全身被曝では 2 Sv の被曝で悪心や嘔吐が現れ，3～5 Sv で被曝者の約半数が死亡する（図7.2.1）．局所被曝では0.5～2 Sv で水晶体が白濁し，3 Sv で脱毛が起こる．胎児への影響は，着床前期は0.1 Gy で流産，器官形成期は0.1 Gy で胎児の死亡や奇形の発生が起こる．胎児期には0.12～0.2 Gy で精神的発達遅延，0.12～1 Gy で形態的発達遅延や知能指数の低下が起こるとされている．

放射線の被曝による生体影響には，被曝線量が増えるほど発生確率も高くなる確率的影響と，被曝線量にある閾値があり，その閾値を超えると発症する症状がある．これを確定的影響と呼んでいる．確率的影響には白血病や癌，遺伝的障害が，確定的影響には，急性障害（紅斑，脱毛など），白内障，胎児発生の障害がある．

表7.2.1　生体組織の放射線感受性

最も高い	リンパ組織（胸腺，脾臓），造血組織（骨髄）
↑	生殖組織（精巣，精原細胞，卵巣，卵母細胞）
│	小腸上皮，水晶体上皮，粘膜，皮膚上皮，毛嚢
│	腎臓，肝臓，肺，唾液腺
↓	甲状腺，膵臓，副腎，筋肉，結合組織
最も低い	骨，脂肪，神経細胞

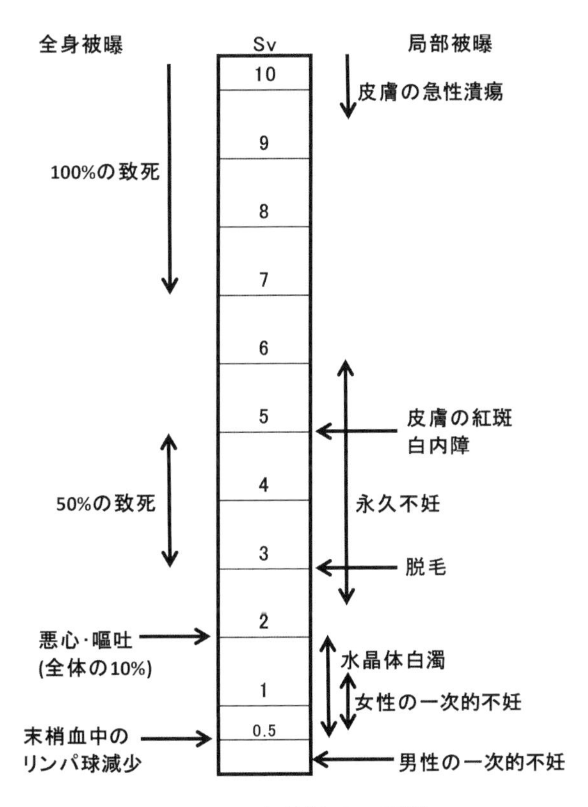

図7.2.1　急性被曝の影響

7.3 環境中の放射性物質と放射線被曝

日常生活の中でも放射線による被曝を受けている（図7.3.1）．主なものは，宇宙線による被曝（0.3 mSv），大地からの被曝（0.33 mSv），食物による内部被曝（0.99 mSv），空気中の放射性物質よる内部被曝（0.48 mSv）で，自然放射線と呼ばれている．日本人の平均的な自然放射線量は年間2.1 mSvである．そのほかに，レントゲンやCTスキャンなどによる医療被曝がある．主な被曝線量は，胸部X線0.05 mSv，上部消化器官造影2.0 mSv，肺がんのCT検診1.5 mSv，腹部の精密CT 10 mSvである．日本人の平均的な医療被曝線量は年間3.87 mSvで，医療先進国の医療被曝線量の平均1.92 mSv，世界平均0.62 mSvに比べて非常に高くなっている．自然放射線量と合わせた日本人の平均的な年間被曝線量は5.98 mSvである．

人は食物を摂取すると，食物中の放射性物質を体内に取り込み，内部

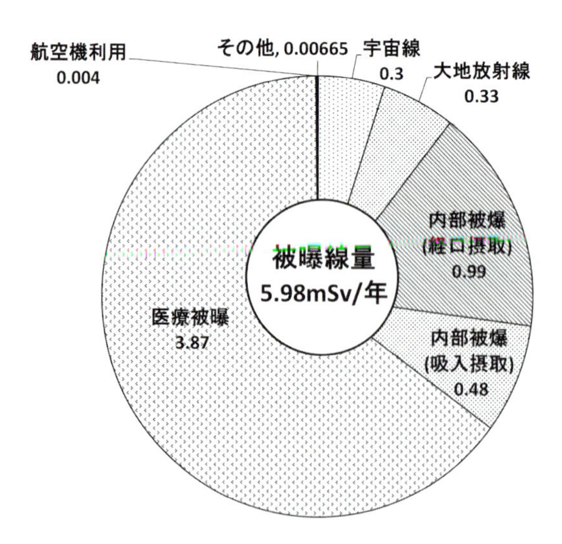

図7.3.1　日本人１人当たりの年間被曝線量

原子力安全研究会「新版生活環境放射線」(2011年) 放射線科学センター資料.

被曝を受ける．また，生体の構成成分の中にも放射性物質があり内部被曝を受ける．内部被曝の主な物質はカリウム40（^{40}K），炭素14（^{14}C），ルビジウム87（^{87}Rb），鉛210（^{210}Pb）とポロニウム210（^{210}Po）で，合計で約7000 Bq，体重あたり約120 Bq である．そのうち，最も量の多いのは ^{40}K で約4000 Bq，平均被曝線量は年間0.18 mSv である．^{40}K は天然のカリウムの中に0.0117％含まれており，カリウム１g 当たりの放射能は30.4 Bq である．カリウムは動植物の主要な構成元素の一つで，すべての食品に含まれている．食品１kg 当たりの放射能は，白米30 Bq，乾燥昆布2000 Bq，干しシイタケ700 Bq，牛乳50 Bq，牛肉100 Bq，ホウレンソウ200 Bq，ビール10 Bq である．飲食による ^{40}K の摂取量は１日当たり約50 Bq だが，日常生活においては摂取量と排泄量はほぼ同量であり，蓄積量に変化はない．

空気中に存在する放射性物質は呼吸を通して体内に入り，人は内部被曝を受ける．最も被曝量が多いのはラドン（Rn）である．Rn は原子番号86の希ガスで，質量数は大きいが，沸点が－61.9℃，常温で気体の元素である．Rn にはラドン222（^{222}Rn），ラドン220（^{220}Rn：トロンともいう），ラドン219（^{219}Rn：アクチノンともいう）の同位体がある．そのうち，放射線被曝の最も大きいのは半減期が3.824日と長い ^{222}Rn，次いで，^{220}Rn（半減期55.6秒）である．^{219}Rn の半減期は3.96秒と短く，通常，人への内部被曝は無視される．^{222}Rn および ^{220}Rn の大気中濃度は極めて低く，主に大地から大気中に供給され，締め切った屋内などに滞留する．^{222}Rn および ^{220}Rn はそれぞれウラン系列，トリウム系列の放射性核種の一員で，ウラン（U）およびトリウム（Th）は地殻に存在する微量元素である．日本の ^{222}Rn の屋内平均濃度は15.5 Bq/m^3 であり，年間の平均被曝線量は0.38 mSv になる．世界の平均的な屋内濃度は39 Bq/m^3 であり，密閉性の高い家屋では濃度が高いと推定されている．^{220}Rn の屋内平均濃度は信頼できる測定結果が見当たらず，約４Bq/m^3 と見積もられている．年間の平均被曝線量は0.09 mSv である．

世界保健機関（WHO）は2005年に，屋内ラドンの放射線被曝は喫煙に次ぐ肺癌の発症原因であるとして警告している．アメリカの環境保護庁（EPA）は，ラドンによる被曝は安全域がなく，ごく少量の被曝でも肺癌になる危険性があり，肺癌による死者の10〜15％はラドンの被曝が関係していると推定している．

8．有害性と環境リスクの定量的な考え方と評価方法

8.1　有害性の定量的な表現

放射性物質を含めた化学物質の有害性あるいは安全性は，広義には，人の健康や環境破壊の防止，防火，防災などにかかわる．しかし，狭義に，有害性を化学物質の毒性としてとらえ，人間を含む高等生物の生存環境や生態系の破壊といった観点で取り扱われている．

リスクとは人の健康や生態系に悪い影響を及ぼす恐れのある可能性，つまり被害の度合いとその可能性を指し，化学物質の場合，「有害性の程度（ハザード）」と「暴露量」の積で表される．

リスク ＝ ハザード×暴露量

有害性の程度（ハザード）とは，その物質が持っている固有の危険性の度合い（動物実験などで示される危険性の事実）をいう．

化学物質が有害であることを確認するためには，どの程度の量を摂取したら人の健康に影響を及ぼすのか，あるいはどれくらいの量までは摂取しても大丈夫なのか，といった判断基準が必要である．

毒性には，影響が発現するまでの時間の長さから，急性毒性，慢性毒性，亜急性毒性がある．急性毒性はある物質に暴露された時，おおむね数日以内に発症あるいは死に至る毒性で，神経毒性や生理的毒性などがある．慢性毒性はある物質に暴露された時，おおむね数カ月以上経過してから発症あるいは死に至る毒性で，発癌性，催奇形性，免疫毒性などがある．亜急性毒性は急性と慢性の中間の時期に発症あるいは死に至る毒性を指す．

また，毒性は試験方法によっても細かく分類されている．神経毒性，組織病理学的毒性，生理的毒性，発癌性，変異原性，遺伝毒性，細胞毒性，催奇形性，免疫毒性などである．

化学物質の毒性と一口に言っても，一つの試験方法だけでは把握できず，複数の試験結果を総合して判断する．試験方法にはやさしい方法もあれば，結果が出るまで何カ月もかかる方法もある．

急性毒性の指標には，ある物質に暴露された集団の半数が死亡するときの暴露量（半数致死量，LD 50）あるいは濃度（半数致死濃度，LC 50）が用いられる．

化学物質による健康被害には最小毒性量（LOAEL）あるいは無毒性量（NOAEL）といった指標が使われる（図8.1.1，図8.1.2）．最小毒性量はある物質に暴露された集団で生理的に有害な影響が観測される最低の暴露量を表す．無毒性量は毒性試験において，ある物質に暴露された被試験物質に何らかの有害な影響が認められない最高の暴露量を表す．無毒性量は長期毒性，生殖・発生毒性，発癌性などの試験で求められる．

また，ある物質を人が一生涯にわたって毎日摂取あるいは暴露されても安全性に問題がないとされる量として，許容一日摂取量（ADI）と耐容一日摂取量（TDI）という指標がある．許容一日摂取量は食品添加物などの意図的な摂取の物質に対して，耐容一日摂取量は環境汚染物質などの非意図的な摂取の場合に用いられる．動物試験などで求めた無毒性量を動物と人間との種間の違いや感受性の違いによる個人差などを考慮した値（不確実係数積，UFs）で割って求められる（図8.1.1）．

また，発癌物質が遺伝子を攻撃してがん細胞を作るような場合，「物質量がこれより少なければ発癌の可能性なし」ということがなく，どんなに少量でも発癌の可能性を持っていると考えられている．「物質量がこれより少なければ発癌の可能性なし」という化学物質の摂取量または暴露量を「閾値」という．閾値は無毒性量に近い値だが，必ずしも同じ

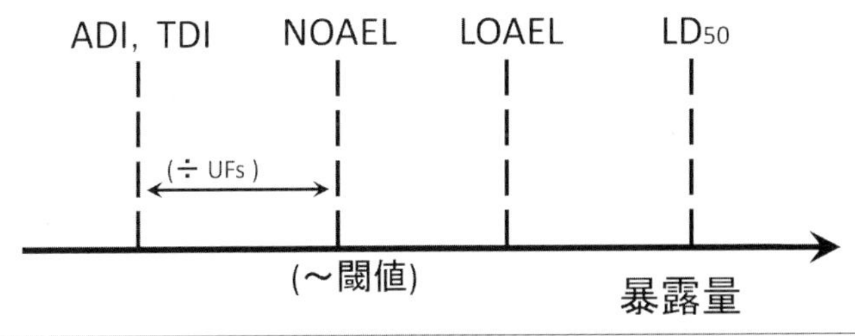

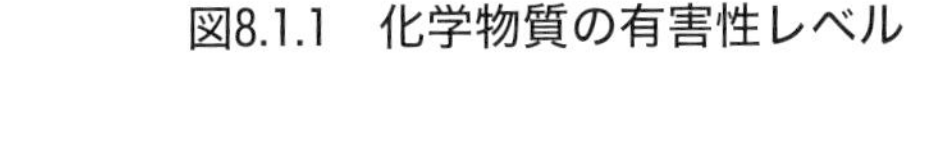
UFs(不確実係数積)＝(種差)x(個人差(=10))x(LOAEL値使用)x(試験期間)x(修正係数)

動物実験値なら10　NOAEL値使用なら 1　LOAEL値使用なら 10　試験期間1ヵ月なら 10　6ヵ月以上なら1

図8.1.1　化学物質の有害性レベル

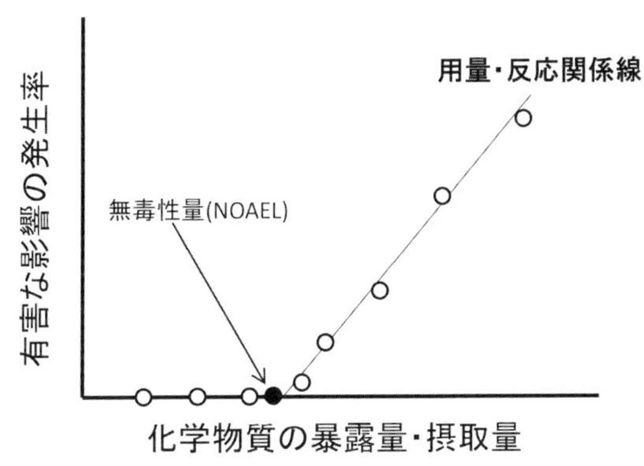

図8.1.2　無毒性量（NOAEL）の求め方

「化学物質のリスク評価について ver.4」（化学物質管理センター，2007年）をもとに作成．

ではない．暴露量がゼロにならない限り有害影響を生ずる可能性がある場合を「閾値がない」，これ以下では有害影響を生じないとされている暴露量が存在する場合を「閾値がある」という．

有害性に閾値がない場合には，NOAEL や TDI も存在しない．そこで，これらの指標の代わりに，「10万分の 1 以下の確率で発病する暴露量」を，実質安全量（VSD: Virtually Safe Dose）（図8.1.3）として用いて

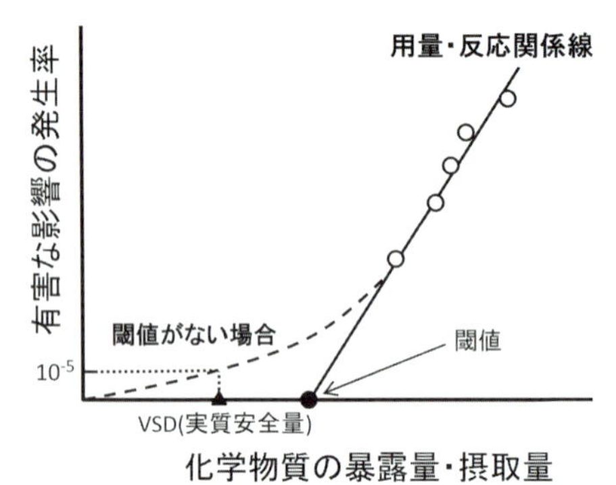

遺伝子障害作用による発ガン性と生殖細胞に対する突然変異性等の発現に関しては閾値がないと考えられている.

図8.1.3　実質安全量

「化学物質のリスク評価についてver.4」（化学物質管理センター，2007年）をもとに作成.

いる．これは，10万人に1人が80歳までの生涯にその化学物質を原因とする病を患う程度であれば一般に受け入れられるレベルと考え，有害性の目安の一つとして用いられている．

現在，遺伝子障害作用による発癌性と生殖細胞に対する突然変異性等の発現に関しては閾値がないと考えられている．

次に，人がある化学物質を毎日，意図的，非意図的な量を含めてどのくらい摂取しているのかを求める．推定暴露量（EHE）という（図8.1.4）．人が化学物質を摂取する経路は，おもに，食物や水などを口から摂取する経路と呼吸による鼻からの経路である．食物や水経由の暴露量は，それぞれに含まれる化学物質の濃度に1日の食事量や飲料水の量（20 L/日）を乗じて求める．食物中の化学物質のデータが得られない場合，日本人は魚介類を食べる量が多いので，魚介類を食べることによる暴露量で代用される．その場合，暴露量は魚介類中の化学物質の濃度に魚介類摂取量（120 g/日）を乗じて求める．呼吸経由の暴露量は，大気中の化学物質の濃度に1日の大気吸入量（20 m^3/日）を乗じて求める．そのほか，考えられる暴露について，それぞれの経路ごとに推定する．

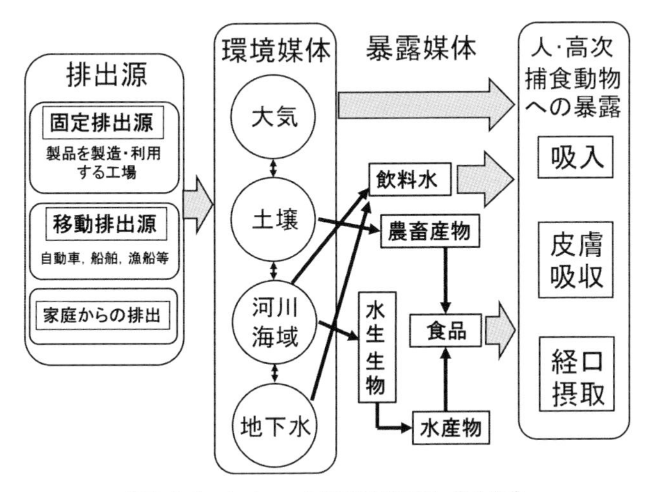

図8.1.4　ヒトへの推定暴露量（EHE）

推定暴露量は，各経路からの1日当たりの暴露量を合計して求める（表8.1.1）．日本人の化学物質による推定暴露量は，ヒ素とVOCのうちいくつかの物質が耐容一日摂取量よりも多い値を示している（表5.1.1）．日本の土壌にはもともとヒ素とカドミウムが多く，農産物や魚介類からの摂取量が多くなっている．VOCの場合，大気経由の摂取量が経口経由に比べて非常に多いのが特徴である．

人は化学物質や化学製品を利用することで利便性，経済性といった便益（Benefit）を手に入れており，化学物質・化学製品はリスクと便益の二面性を持っている．また，あるリスクを避けようとすると，思いがけない別のリスクが発生することもある．リスクと便益の二面性を定量的に評価し，リスクをできるだけ小さくし，便益を大きくする方法，しくみを築くことがリスク評価の目的である．リスク評価には，一般的に「ハザード比（HQ）」または「暴露マージン（MOE）」などの指標が用いられる．

表8.1.1　ダイオキシン類の推定暴露量（EHE）

耐容一日摂取量　4 pg-TEQ/kg/日

大気		0.0090 pg-TEQ/kg/日	0.013 pg-TEQ/kg/日
土壌		0.0042 pg-TEQ/kg/日	
食品	魚介類	0.78 pg-TEQ/kg/日	0.84 pg-TEQ/kg/日
	肉・卵	0.040 pg-TEQ/kg/日	
	乳・乳製品	0.013 pg-TEQ/kg/日	
	有色野菜	0.00040 pg-TEQ/kg/日	
	穀物・芋	0.0010 pg-TEQ/kg/日	
	その他	0.0038 pg-TEQ/kg/日	
合計			0.85 pg-TEQ/kg/日

「ダイオキシン類」（環境省　水・大気環境局総務課ダイオキシン対策室，2012年）をもとに作成.

ⅰ）ハザード比（HQ）

$$HQ = \frac{\text{EHE（ヒトへの推定暴露量）}}{\text{TDI（耐容一日摂取量）}}$$

HQ は EHE（ヒトへの推定暴露量）と TDI との大小を比べたものである．したがって，その値を 1 と比較し，HQ ≧ 1 の場合は「リスクあり」，HQ ＜ 1 の場合は「リスクなし」と評価する.

ⅱ）暴露マージン（MOE）

$$MOE = \frac{\text{NOAEL（無毒性量）}}{\text{EHE（ヒトへの推定暴露量）}}$$

MOE（暴露マージン）は NOAEL（無毒性量）と EHE（ヒトへの推定暴露量）との大小を比べたものである．しかし，NOAEL は動物実験等で求められたものであるため，MOE（暴露マージン）には人への変換（不確実性の考慮）が含まれていない．したがって，その値を UFs

（不確実係数積）と比較し，小さい（MOE ≦ UFs）場合は「リスクあり」，大きい（MOE ＞ UFs）場合は「リスクなし」と評価する．

8.2 環境リスクの定量的な考え方と評価方法

⑴ リスクという考え方

リスクとは「望ましくない事象」の起こる可能性の大きさを言う．化学物質や放射線による被曝によって健康被害を受けることも「望ましくない事象」の一つだが，地震，火災，交通事故などの災難にあうことも「望ましくない事象」である．最近，晴れた日でも突然，大雨が降ることがある．朝，傘を持たずに外出して，帰りに大雨に降られ，ずぶぬれになることも「望ましくない事象」の一つである．このようにリスクには様々な種類がある．

ルイス，H. W.（1990年）は発生する災害の種類から，健康被害や災害が起こるリスクを４つに分類している．

◆ルイスの分類

①被害が身近にあり，経験も多く，その損害の程度や生起確率について十分な知識があるようなリスク．（火災，交通事故，労働災害など）

②生起確率は極めて低いものの，いつかは起こることがわかっており，しかもその場合の被害が甚大であることが予想されるリスク．（巨大地震など）

③これまでに起こったことがなく，予想される被害はさらに甚大であるようなリスク．（新型インフルエンザなど，地球規模の汚染，核戦争）

④影響は確かに存在するが，その影響の程度がほかの影響の中に隠れて見えなくなる程度であり，その効果の計算が困難であるようなリスク．（化学物質，低量の放射線の影響など）

リスクは将来発生するかもしれない事象にかかわるので不確かさを常に伴う．安全確保のための意思決定を合理的に行うためには，リスクの特性に適した定量的な指標が必要である．工学的なリスクの考え方として，好ましくない出来事をエンドポイントと定め，リスクを「そのエンドポイントの生起する確率」，あるいは「物質または状況が一定の条件のもとで危害を生ずる確率」と定義し，「リスクの大きさ（期待値）」を「そのことが起こる確率」に「結果の影響の大きさ」を乗じた値で表す方法がある．

リスク ＝ 発生確率×損害(エンドポイント)の重大性

ただし，何をもって損害（エンドポイント）とするかは人間の価値観に依存するので社会的合意が必要である．

化学物質の環境リスク評価は，環境中に排出された化学物質が人の健康や生態系に影響を及ぼすかどうかを調査し，その発生確率を定量的に予測評価する方法であり，次のステップからなる（図8.2.1）．

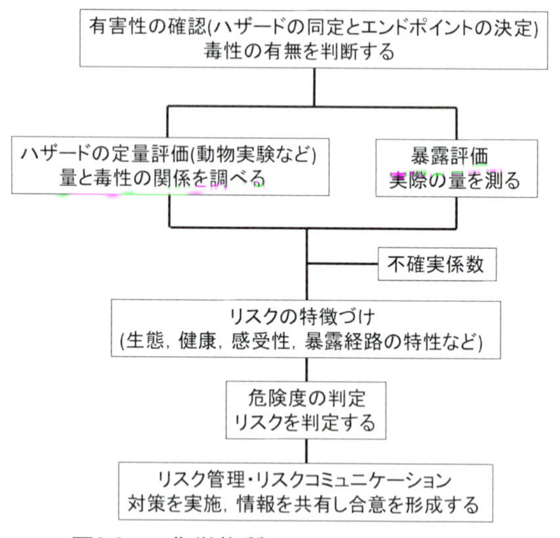

図8.2.1　化学物質のリスク評価の手順

(i) 有害性の確認（ハザードの同定とエンドポイントの決定）

化学物質の物理的，化学的特性から，その毒性（有害性）を定性的に明らかにし，そのエンドポイントを決定する．エンドポイントに何を選ぶかによって結論が大きく変わるので，まずはその選択が重要である．

(ii) 毒性の定量評価（反応評価）（ハザードの評価）

動物実験の結果などから，化学物質の毒性の強さを定量的に明らかにする．

(iii) 暴露評価

環境中の化学物質による暴露濃度，頻度，継続時間から暴露総量を求める．

(iv) 危険度の判定

(i)～(iii)の結果を総合して，ある条件でのリスクの大きさを判断する．

この過程で，動物実験結果から人への推定や，暴露の状態，大人と子供のような個人差など様々な不確実性が含まれる．

(2) リスクの定量的評価

重大事故が発生するリスクを定量的に評価した最初の事例は，ハインリッヒ，H. W.（1929年）が行った労働災害の統計的な分析であろう．1件の重大災害（死亡・重症）が発生する背景には，29件の軽傷事故と300件の無傷災害（ヒヤリ・ハット）があるとし，発生した災害が重大災害になる確率（リスク）を以下の式で表した．

$$R = \frac{1}{1+29+300} = 3 \times 10^{-3}$$

ハインリッヒは保険会社の社員として，保険請求のあった災害事例7万5000件のデータを分析し，災害のほかに，数千件の不安全行動・不安全状態が存在し，不安全行動は不安全状態の9倍の頻度で出現することを見出した．これらの解析から，労働災害の98%は予防が可能であると結論付けている．

リスクの表現方法として，次のような方法がある．

(a) 年間死亡率

人口1億人当たり，年間に死亡する人数を割合で表現した（表8.2.1）．疾病による死亡や事故死などの発生確率として表され，リスク管理の

表8.2.1　年間死亡率で表現されたリスク

死因	年間死亡率（/年）	死亡割合（%）
疾病合計	7.1×10^{-3}	92.9
癌	2.5×10^{-3}	31.1
心疾患	1.3×10^{-3}	15.5
脳血管障害	1.1×10^{-3}	13.8
肺炎	7.6×10^{-4}	9.2
老衰	1.9×10^{-4}	2.3
事故合計	3.0×10^{-4}	3.7
交通事故	8.4×10^{-5}	1.0
転倒・転落	6.9×10^{-5}	0.8
自殺	2.4×10^{-4}	2.9
他殺	5.0×10^{-6}	0.06
全死亡	8.2×10^{-3}	100

人口動態統計（2004）

古田一雄「安全学の基礎　講義資料」（東京大学工学部システム創生学科）をもとに作成．

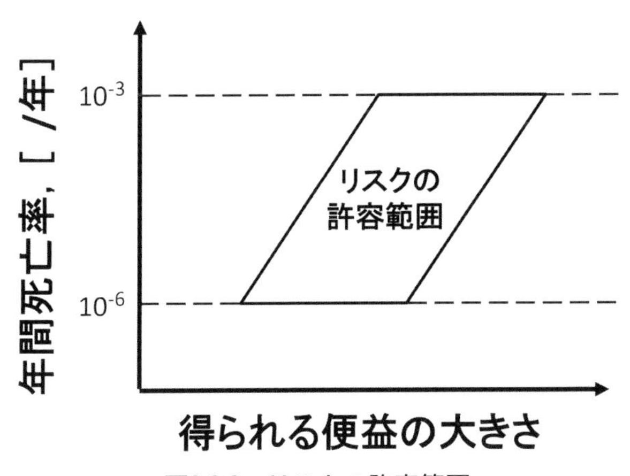

図8.2.2　リスクの許容範囲

具体的な目標値となるリスクの許容限度や，工場などで発生する労働災害の安全目標値として用いられることが多い．リスクの許容限度には，リスクを負うことによって利益を得る自発的リスク（職業的リスク）と自然災害や交通事故による死亡などの非自発的リスクがあり，自発的リスクの許容限度は全事故死（3×10^{-4}/年）と同程度の10^{-3}/年，非自発的リスクの許容限度は全疾病死（7×10^{-3}/年）の0.1％を超えない値（10^{-6}/年）が通常用いられる．両許容限度，10^{-6}/年から10^{-3}/年の範囲がリスクの許容範囲となり，リスクを負うことよって得られる便益を勘案し，リスク評価を行う（図8.2.2）．

⒝ 損失余命（LLE：Loss of Life Expectancy）

ある原因で個人の寿命がどれだけ短縮するかによってリスクを表現する方法であり，影響の有無による平均寿命の差で表される（表8.2.2）．ある原因で短縮する寿命の程度が具体的な数字で表されるため，各個人の身近な問題としてとらえやすい．

喫煙が受動喫煙も含めて，損失余命が圧倒的に大きく，リスクが高いといえる．現代病といわれる肥満も，生活習慣病など，様々な疾患の原

表8.2.2　損失余命（LLE）

要因	損失余命（日）
喫煙（男性）	2300
癌	980
肥満	690
喫煙（肺癌）	370
受動喫煙（虚血性心疾患）	120
ディーゼル粒子	14
受動喫煙（肺癌）	12
ラドンによる放射線被曝	9.9
10 mSv の医療被曝	4.7
ホルムアルデヒド	4.1
ダイオキシン類	1.3
カドミウム	0.87
ヒ素	0.62
ベンゼン	0.16
メチル水銀	0.12
DDT	0.016

古田一雄「安全学の基礎　講義資料」（東京大学工学部システム創生学科）
Gamo, M., Oka, T., Nakanishi, J., Ranking the risks of 12 major environmental pollutants that occer in Japan, Chemosphere, 53, 277–285(2003).
放射線医学総合研究所「神田玲子　資料」などをもとに作成.

因となることからリスクが高くなっている．ディーゼル粒子は代表的な大気汚染物質だが，高いリスクを示している．その他，化学物質と放射線を含めた環境リスクの中では，医療被曝も含めて，放射線のリスクが高いことがわかる．化学物質の中では，ダイオキシン類，シックハウスの原因物質であるホルムアルデヒドと重金属類が比較的高く，代表的な農薬である DDT は相対的にリスクが低くなっている．

(c) 生涯過剰発がんリスク

10万人に 1 人が80歳までの生涯にその化学物質を原因とするがんを患う程度であれば一般に受け入れられるレベルと考え，環境リスクの目安の一つとして用いられている．

生涯過剰発がんリスクが10^{-5}となるような化学物質の濃度をALC（Acceptable Level Concentration）という．

$$\text{生涯過剰発がんリスク} = \frac{\text{環境中の化学物質の濃度}}{\text{ALC}} \times 10^{-5}$$

8.3 リスクの受け止め方とリスク管理

リスクの受けとめ方は，知識，経験，立場によって異なる．たとえば，癌の原因を一般の市民と，がんの免疫学者に質問すると，一般市民は食品添加物や農薬を重視するが，免疫学者は普通の食品やたばこを重視する（図8.3.1）．一般的には，人工合成化学物質は毒性が高く，環境汚染を引き起こす．つまり，リスクが高いが，天然物質は安全で環境汚染も引き起こさない，つまり，リスクが低いと一般市民は感じている．

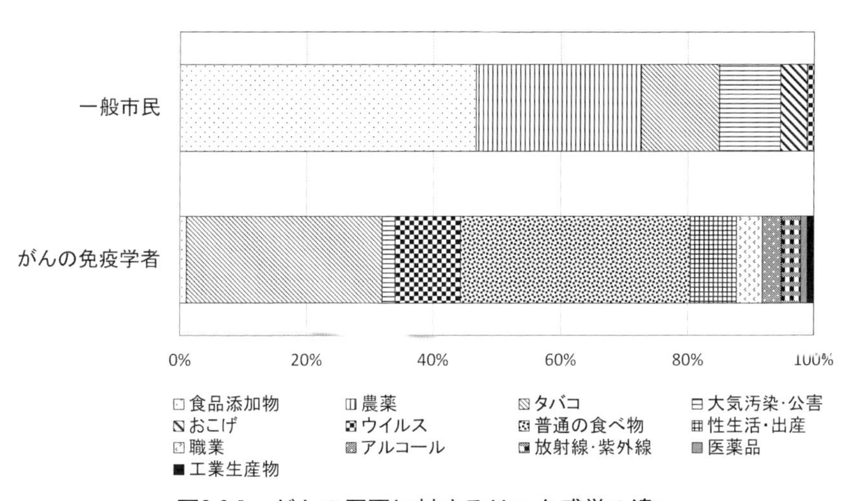

図8.3.1　がんの原因に対するリスク感覚の違い

黒木登志夫「人はなぜガンになるのか」『暮しの手帖』25(4/5)，102–117(1990) をもとに作成．

しかし，ワラビやフキノトウには，発癌性のプタキロサイドやペンステニンが含まれていることが知られており，米や餅のカビにもルテオスキリン，オクラトキシン，ステリグマトシスチンなどの発癌物質が含まれている．赤肉など，動物性タンパク質の加熱によっても，発癌性のヘテロサイクリックアミンが生成する．また，食事で脂肪分を摂取すると胆嚢から胆汁酸が分泌され，これが腸内で分解されて生成する二次胆汁酸は発がん促進作用がある．普通の食品でも，調理方法や量，ほかの食品との組み合わせやバランスによっては有害となり，発癌のリスクが高くなる．

また，リスクの公平性，そのリスクが自分で制御できるかどうか（リスク受容性）によっても受け止め方が違う．たとえば，廃棄物処理施設や原子力発電所建設は，その行為によって地域全体が何らかの便益を享受するが，建設によって周辺住民のみが環境汚染や健康被害のリスクを負担する．ある特定の地域や集団のみに影響が偏っている場合，不公平感が高まり，そのリスクが受け入れがたいものと認識される．「自宅の裏庭に作るのはごめんだ」という意味で，NIMBY（Not in My Backyard）という言葉がよく使われる．

同様のリスクを受ける場合でも，そのリスクの制御がどの程度自分の管理下にあるかによって，受け取り方が異なり，自分の管理下になく，他人の排出によって防ぎようもなく暴露してしまうケースではリスクを過大に評価する傾向がある．

人間の健康や生態系へのリスクを減らすために必要な措置を確認し，評価し，選択し，実施に移す一連のプロセスをリスク管理という．リスク管理の目標は，社会，文化，倫理，政治，法律について考慮しながら，リスクを減らし，未然に防止するための科学的に妥当で，費用対効果の優れた一連の行動を実施することである．

リスクの評価と管理には以下のような原則がある．

①リスクゼロの原則（絶対安全の原則）

一般に閾値がある化学物質の場合はこの原則が適用されている．動物実験で発癌性を示した物質の食品添加物としての使用を禁止した米国のデラニー条項（1958年）がこれに当たる．しかし，普通の食品でも発癌物質が微量含まれているものはたくさんある．リスクをゼロにしようとすると莫大なコストがかかることになり，現実的でなく，リスクゼロは不可能と認識された．

②リスク一定の原則（等リスクの原則）

一定のリスクは受け入れ，すべてのリスクの大きさを一定値以下に抑える原則.「一定値以下の環境リスクならば安全とみなしてよい」という考えに基づいている（例：発がん率10^{-5}以下のリスクは実質的に安全である〈VSD〉とみなしている場合）.

③リスク・ベネフィットの原則

環境リスクの要因が持つ便益（ベネフィット）と環境リスクの大きさを比較し，様々な環境リスクについて，リスク・ベネフィット分析を行い，許容される環境リスクを求めたり，対策の優先順序を決定したりする方法.

$$\frac{\text{ベネフィット}}{\text{リスク}}=\frac{\text{見返りとしてもたらされる便益}}{\text{受容するリスクの大きさ}}$$

$$=\frac{\text{リスク削減のために失われる便益}}{\text{削減されたリスクの大きさ}}$$

$$=\frac{\text{リスク削減のための費用}}{\text{削減されたリスクの大きさ}}$$

これらの手法は社会全体に関して平均的な効率，合理性を考えるもので，現実に費用と便益を社会の中でどう配分するかについては考慮していない．つまり，社会内の少数弱者に対する配慮をどうするかという問題が残る．

この40〜50年間に多種類で大量の合成化学物質を生産，使用するようになった．意図的，非意図的なものを含めて，我々の周りには合成化学物質があふれている．人類はかつて経験したことのない，有害性が不明確な化学物質に囲まれた社会で暮らしている．化学物質による人の健康や生態系への影響は複雑化，複合化し，個々の物質の行動を管理するだけでは不十分になってきている．このような状況の中で一般市民が安心して生活していける社会を実現するために，以下のような対策が望まれている．

①すでに有害性が明らかで，悪影響が明白なフロン類，水銀などの重金属，アスベスト，POPs等を含む製品，廃棄物，汚染土壌などから有害化学物質を回収し，無害化する．

②家庭内で使用されている製品中の有害化学物質の使用制限，またはラベリングを含む情報提供を行う．

③ POPs，農薬，重金属等，野生生物に悪影響を与えやすい物質の使用制限，およびモニタリングを充実させる．

④非意図的生成物質を含めた身近な環境中の有害化学物質について，分かりやすいリスク情報の提供とリスクコミュニケーションを行いながら，行政，企業，市民が共働して，予防的，包括的な管理を行う．

9．持続可能な発展と地球環境

9.1 経済成長と地球環境

産業革命によって始まった生産活動への大量の資源投入は，1950年以降，石油が使用されるようになって，一層加速され，食糧の増産と人口増加のサイクルがとどまることなく，膨らみ続けている．1950年から2012年の間に，世界の石油消費は約８倍，穀物生産量約４倍，人口約３倍に拡大した（表9.1.1）．しかし，資源投入の恩恵は，世界のごく一部の国に集中し，経済成長を成し遂げた国と取り残された国との格差が拡大した（表3.1.1）．2000年以降，途上国の経済成長が進み，先進国との経済格差は縮小しているが，成長のエンジンである天然資源の消費が増加している．とくに，産業革命以前から人類が資源として利用してきた水，森林，土壌，水産物などの再生可能な資源がそれらの再生能力を超えて消費されている．その結果，人間社会にとって生命維持の根幹である自然環境に明らかに変化が起きている．その変化は，気候システムと生物多様性において顕著に現れており，水や土壌，森林などの再生可能資源にも人間の活動が影響しているとみられる変化が現れている．

表9.1.1　1950年と2010年の世界の状況

	単位	1950年	2010年	倍率
世界人口	億人	25.3	69.2	2.7
石油消費	10^9バレル	3.8	32	8.4
天然ガス消費	10^9 m^3	180	3200	17.8
石炭消費	10^9 t	1.4	7.0	5.0
電力需要	10^{12} kWh	0.6	17.9	29.8
穀物生産量	億 t	6.3	24.7	3.9
粗鋼生産量	億 t	1.9	14.3	7.5

「平成25年度　エネルギーに関する年次報告」（資源エネルギー庁）などをもとに作成．

地球規模に拡大した人類の活動と資源の消費は，ついに空間的な限界に突き当たってしまった．同時に，その限界が人類の生存に影響を見せ始めるのも，遠い将来ではなく，次世代ほどの近未来である．人類は時間と空間の両面で生存の限界に直面している．

また，これまで予想もしなかった事柄が，新たな問題として現れてきた．CO_2の問題，フロン類の問題，化学物質の問題などである．CO_2やフロン類は地球環境にとって有害であり，人工的に作り出された化学物質は我々の生活を便利で豊かにした反面，環境中で分解されにくく，地球環境や生態系，ヒトの健康に影響を与えている．

これらの環境問題は人間の物質的満足の追求，すなわち，経済的な拡大を背景に，利便さと物質的豊かさを追求した活動が，自然界に巨大な影響を与えた結果である．

9.2 持続可能性（Sustainability）について

産業革命以降の経済成長の結果，地球の自然環境に現れた様々な変化は，「有限な世界で無限の成長は不可能であり，従来型の経済成長には物理的，生態学的な限界がある」という基本認識を我々に与えた．しかし，この問題が提起された1970年代当初，経済発展をあきらめなければならないという意味合いが強かったため，経済発展を望む途上国の支持を得られなかった．そこで，国連の「環境と開発に関する世界委員会」は「地球の未来を守るために」（1987年）の中で，「持続可能性（持続可能な発展〈Sustainable Development〉）」を，「将来世代のニーズを損なうことなく，現代世代のニーズを満たす発展」と定義し，「地球規模での貧富の格差をなくすために，社会・経済を発展させる」，および「社会・経済の発展は将来世代の可能性を脅かしてはならない」という二つの基本概念を打ち出した．この概念は，環境と途上国の発展とを両立させる道を，国際政治の課題として位置づけており，途上国を含めた広い支持を得ることができた．この概念を踏まえ，「環境と開発に関する国際連合会議（地球環境サミット）」(1992年）では，「人類共通の目的として，これまでの経済成長至上主義を地球の生態系に配慮した発展に転換しなければならない」ことが世界的に合意された．

しかし，その後，地球規模での貧富の差の拡大と途上国の貧困問題の悪化が著しくなり，生態系の崩壊を待つまでもなく，これらの人間社会のひずみが人類の存続を脅かす可能性のあることが広く認識されるようになった．「国連ミレニアムサミット」(2000年）では，平和と安全，開発と貧困，環境，人権・民主主義と良い統治，弱者の保護，アフリカの特別なニーズへの対応，の６つを人類共通の課題とし，達成すべき８つの目標と21のターゲットがミレニアム開発目標として採択された．また，「持続可能な開発に関する世界首脳会議（WSSD)」(2002年）では，「持続可能な発展のためには，環境面の取り組みだけでなく，南北問題，貧困問題といった，経済的・社会的課題の克服が不可欠である」ことが合意された．さらに，ミレニアム開発目標の成果と課題を踏まえ，2016年から15年間の新たな目標，「持続可能な開発目標（SDGs)」が2015年９月の国連サミットで採択された．新しい開発目標は発展途上国だけでなく先進国も対象にしており，貧困や格差の解消，環境に配慮した持続的な経済成長，平和で公正な社会の実現など，17の目標と169の具体的な達成基準から構成されている．

持続可能性を論じるときには，大きく二つの視点がある．一つは，資源がどこから来て，廃棄物がどうなるのかという物質的な持続可能性，一つは，自然保護や生態系の保全といった，自然環境の持続性である．加えて，人間は自然環境を生存基盤として生活を営んでいる．自然とのかかわり方は，地域の社会や文化などによってさまざまである．自然環境を保つためには，社会の在り方や，個人の価値観までも問われてくる．物質面や自然環境の持続性だけでなく，そこに暮らす人々の社会生活面の持続可能性にも配慮が必要である．

多くの場合，自然や生態系を破壊したのは，それらを無視して開発を行ってきた一部の人々である．自然や生態系の破壊によって，また，環境的持続可能性のために，その地域で自然環境を利用しながら伝統的な生活を続けてきた人々の生活を奪ってしまうことは避けるべきである．

このような考えから，持続可能性は，三つの倫理的側面と，現世代への義務を生み出している．

◆三つの倫理的側面

①空間的公平性の倫理

資源は効果的かつ公平，公正に利用し，その利用は自律性が保証される．富める国と貧しい国の不公平な資源配分を避ける．

②世代的公平性の倫理

自然環境と人間社会が全体として持続可能性を維持する，現世代は未来を生きる世代の生存可能性に対して責任がある．

③生物種の生存権

人間だけでなく自然やそこに生きる生物にも生存の権利がある．人間は自然を保護し，生物種とその多様性を守る責任がある．

◆現世代の義務

枯渇性資源への依存と廃棄物の累積を回避する．

9.3 地球の環境容量と持続可能性

「自然環境と人間社会が全体として持続可能性を維持する」ためには，「土壌，水，森林，魚など『再生可能な資源』はそれらの再生速度を超えない範囲で利用する」，「汚染物質は環境がそれらの物質を循環，吸収，無害化する速度，あるいは人工的に処理する場合，そのエネルギー投下が再生可能エネルギーでまかなえる範囲内で排出する」，および「化石燃料，鉱石などの『再生不可能な資源』はバイオマスなどの再生可能な資源を持続可能な速度で利用することで代用できる程度を超えない」(ハーマン・デーリーの三原則）ことが求められる．

これらの持続可能性を推し量る指標の一つとして「エコロジカル・フットプリント（EF)」がある．EFは人間活動により消費される資源量を分析・評価する手法の一つで，ある特定の地域の経済活動，あるいは特定の物質水準の生活を営む人の消費活動を永続的に支えるために必要とされる生物生産が，可能な土地および水域面積の合計として表される．EFはグローバルヘクタール（gha）の単位で表され，「全世界で比較可能な標準化された単位」であり，「資源を生産し，廃棄物を吸収する能力の世界平均値を持つ陸水域面積１ヘクタール（ha)」と定義されている．EFは土地利用の種類を，農耕地，牧草地，森林，漁場，生産能力阻害地，CO_2吸収地，の６つに分類し，ある特定の地域の人間１人が消費活動を行うのに必要な生産可能な陸水域面積を計算する．一方，その土地の生態系がもつ生産可能な陸水域面積を生物生産力（バイオキャパシティ）として求め，EFの値と比較する．EF値が生物生産力を超えている場合，その地域の人間は生物生産能力を超えて資源を消費（需要超過〈オーバーシュート〉）していることを表している．実際には，６つの土地種類ごとに求めた資源消費の実質面積および生態系がもつ生産可能な実質面積に，土地種類ごとに定められた等価係数（gha/ha）およびその地域の生産性を考慮した収穫係数（gha/ha）を乗じて，グローバルヘクタール（gha）に換算し，EFおよび生物生産力を求めている．

世界のEFは2.70 gha/人，生物生産力1.78 gha/人（2009年）であり，資源消費が世界平均で地球の生産能力を1.5倍超過している（表9.3.1)．地域別にみると，欧州，北米地域はEF値が高く，アフリカ，東南アジア・太平洋州地域は低い．膨らみ続ける人類の資源消費は1970年代にすでに地球の生産能力を超えている．日本のEFは4.11 gha/人，生物生産力は0.62 gha/人（2009年）（表9.3.2）であり，日本の陸地面積に換算すると，国土の８倍の面積に相当する資源を消費している計算になる．

表9.3.1　世界のエコロジカル・フットプリントと生物生産力

（gha/人）

	エコロジカル・フットプリント							生物生産力					
	CO_2排出	耕作地	牧草地	森林	漁場	生産阻害地	合計	耕作地	牧草地	森林	漁場	生産阻害地	合計
世界全体	1.47	0.59	0.21	0.26	0.10	0.06	2.70	0.57	0.23	0.76	0.16	0.06	1.78
アフリカ	0.29	0.51	0.23	0.29	0.07	0.06	1.45	0.46	0.41	0.48	0.11	0.06	1.52
南・中央アジア	1.44	0.06	0.20	0.12	0.04	0.06	1.92	0.39	0.22	0.12	0.13	0.06	0.92
東南アジア・太平洋	0.76	0.46	0.07	0.15	0.11	0.07	1.63	0.40	0.09	0.18	0.12	0.07	0.86
ラテンアメリカ	0.80	0.64	0.67	0.39	0.12	0.08	2.70	0.80	0.80	3.60	0.31	0.08	5.60
北アメリカ	4.75	1.13	0.22	0.85	0.10	0.07	7.12	1.66	0.26	2.22	0.75	0.07	4.95
EU	2.42	1.13	0.34	0.53	0.14	0.16	4.72	0.91	0.13	0.77	0.27	0.16	2.24
欧州（EU以外）	2.23	1.05	0.16	0.40	0.17	0.05	4.05	1.01	0.27	2.82	0.73	0.05	4.88

WWF, Living Planet Report, 2012をもとに作成.

表9.3.2　日本のエコロジカル・フットプリントと生物生産力

種類	国土面積 10^6 ha	エコロジカル・フットプリント					生物生産力 gha/人
		国内 gha/人	輸入 gha/人	輸出 gha/人	総量 gha/人	消費面積 10^6 ha	
CO_2排出	—	2.62	2.22	2.16	2.68	252.3	—
耕作地	5.0	0.13	0.46	0.02	0.58	22.3	0.13
牧草地	0.1	0	0.03	0	0.03	7.7	0
森林	25.1	0.09	0.23	0.04	0.28	20.7	0.34
生産阻害地	7.6	0.07	0	0	0.07	7.6	0.07
漁場	—	0.27	0.25	0.04	0.47	—	0.08
合計	37.8	3.18	3.19	2.26	4.11	310.6	0.62

WWF「エコロジカル・フットプリントレポート」（日本，2009年）をもとに作成.

9.4 経済成長と持続可能性

世界規模での社会開発のため，途上国の貧困層を極貧状態から引き上げるには，経済成長への参画を可能にしてあげる必要がある．貧困層にも配慮した成長戦略の基本は，彼らの生存基盤である天然資源の活用である．すなわち，経済成長を成し遂げようとすると資源消費が拡大する．各国のEFをGDPに対してプロットすると，GDPの低い（2万US$以下）領域では，EFはGDPに比例しており，経済成長が進むと，環境負荷が増大する（図9.4.1)．経済成長がある程度進むと，製品の環境適合設計など技術，経営，社会制度の変革を行うことで，量的な増加（成長）から質的向上（発展）段階へ移行し，環境負荷を増大させず(EFを増加させず）に経済を質的に発展させる（GDPを増やす）ことができるようになる．つまり，経済成長と環境負荷の増大を分離することが可能になり，生態系の持続可能性と豊かな生活の普及を両立できる可能性がある．問題は，地球の生物生産力の範囲内で豊かな生活の普及が可能かという点である．

人間の「豊かさ」,「人間らしい生活」は経済指標（GDP）だけでは

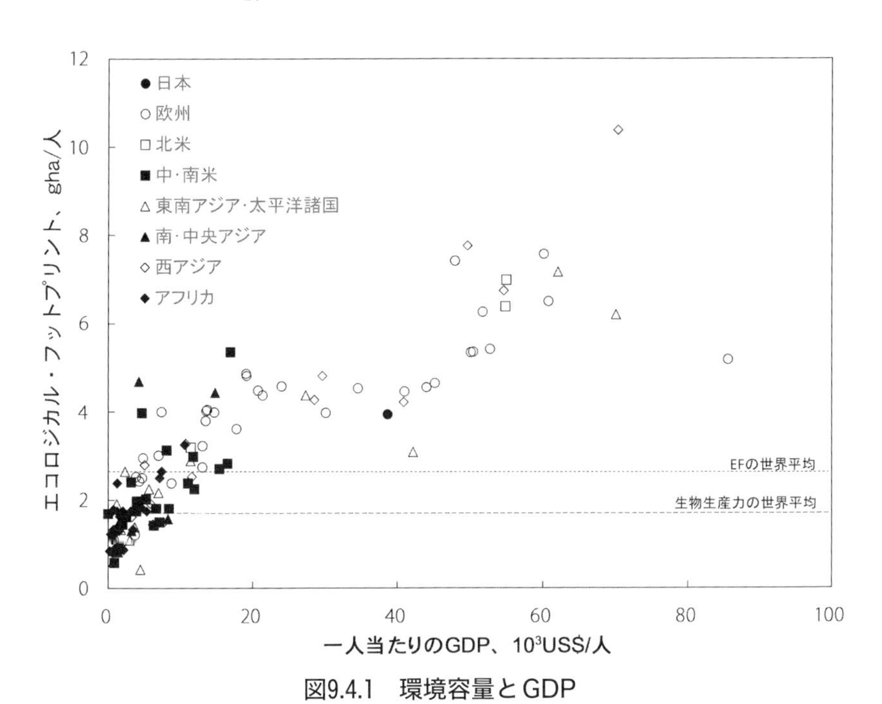

図9.4.1　環境容量とGDP

Living Planet Report, 2014, WWF.
「人間開発報告書」(2013年，国連開発計画）をもとに作成.

推し量れず，「人間が自らの意思に基づいて自分の人生の選択と機会の幅を拡大させることができる」状況が求められ，「長生きできること」，「知的欲求が満たされること」，「一定水準の生活に必要な経済手段が確保できること」など，人間にとって本質的な選択肢を増やしていく必要がある．このような人間的な豊かさを推し量る指数として，国連開発計画（UNDP）が提唱している人間開発指数（HDI）がある．HDIは，ある特定地域の出生時の平均寿命，成人識字率・就学率，1人当たりのGDPをもとに計算され，国ごとのHDI値が報告されている．国連開発計画ではHDI 0.8以上を高位人間開発国としている．EFをHDIに対してプロットしてみると，一般的な傾向として，HDIが高くなると，EFも大きくなる（図9.4.2）．しかし，EFが小さくても高いHDIを達成し

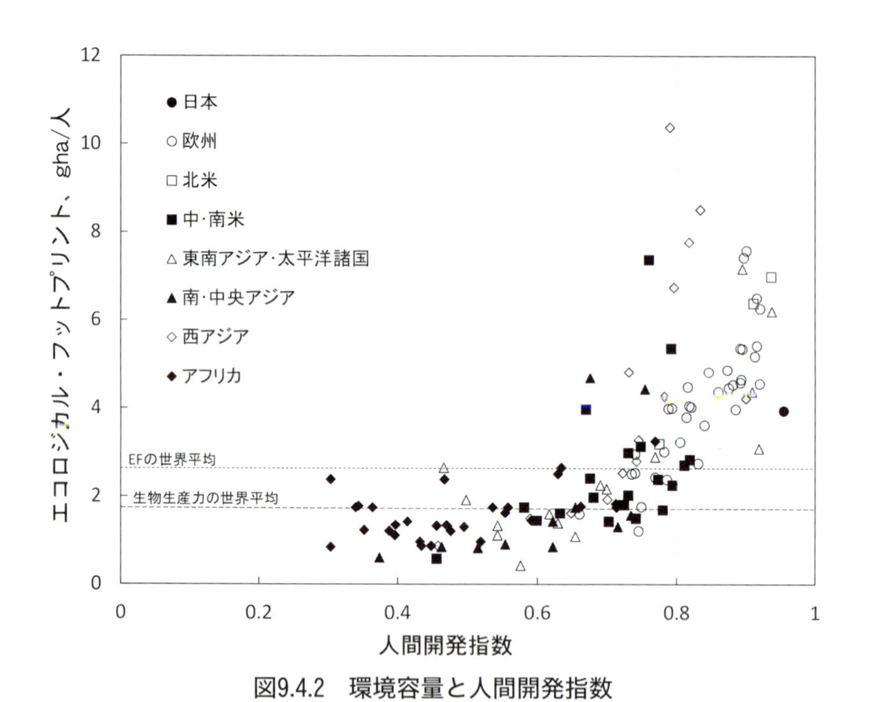

図9.4.2　環境容量と人間開発指数

Living Planet Report, 2014, WWF.
「人間開発報告書」（2013年，国連開発計画）をもとに作成．

ている国もある．持続可能な社会とはHDIが高くてもEFを低く維持できる社会であり，このような国づくりを目指すことが，今後の進むべき方向ではないだろうか．

環境NGOのJFS（ジャパン・フォー・サステナビリティ）は，日本の持続可能性の評価指標を，５つの評価概念（容量・資源，世代間公平性，地域間公平性，多様性，意志とつながり［よりよい社会を築こうとする個人の意思と他者との対話を通したつながり．柔軟で開かれた相互対話と社会への参加］）にもとづき，20項目に整理し，４つの基軸（環境〈Nature〉，経済〈Economy〉，社会〈Society〉，個人〈Well-being，個人の豊かさや生活の質〉について（表9.4.1），それぞれ評価している．評価の結果は1990年に比べて2005年に改善したのは「環境（Nature）」のみで，他はすべて悪化していた（図9.4.3）．

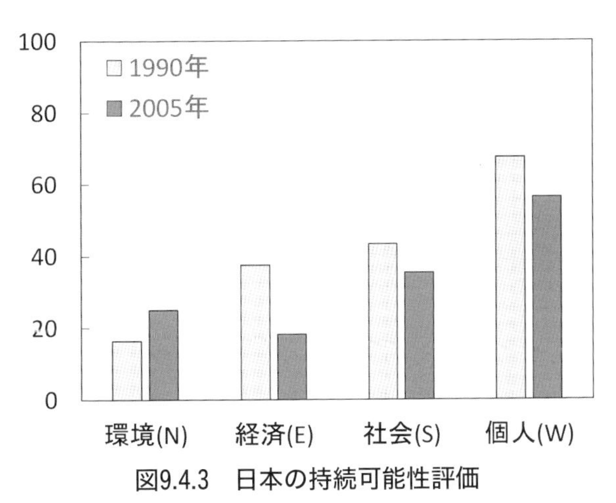

図9.4.3　日本の持続可能性評価

出典：ジャパン・フォー・サステナビリティ「持続可能な日本の社会を考える ── JFS 持続可能性指標第１～第２期プロジェクト報告」2007年

表9.4.1　持続可能性のフレームワークと20の指標

4軸	持続可能な目指すべきモデル	サブカテゴリー	ヘッドライン指標	持続可能性の評価概念との相関	指標の種類
N）環境	•人と自然の共生	1）生物多様性・森林	1）絶滅に瀕しているワシタカ類の種の割合	多様性	状況
	•「風土の概念」	2）温暖化	2）一人当たりの温室効果ガス排出量（年間）	世代間公平性	負荷
	•多様な生態系と在来種の保全	3）資源循環・廃棄物	3）一人一日当たりのごみの総排出量	容量・資源	負荷
	•自然修復	4）水・土・空気	4）化学合成農薬の投入量（露地野菜，10 a 当たり）	容量・資源	負荷
	•自然循環の重視	5）環境教育・システム	5）グリーンコンシューマの割合	意志とつながり	変革
	•里山，鎮守の森				
E）経済	•自立型経済体制	1）エネルギー	1）再生可能エネルギー・リサイクル型エネルギーの割合	容量・資源	変革
	•分散型自給経済	2）資源生産性	2）GDP/天然資源等の投入量	容量・資源	変革
	•環境効率	3）食糧	3）カロリーベースの食糧自給率（供給熱量総合食料自給率）	地域間公平性	状況
	•資源生産性	4）財政	4）一般政府の債務残高（対GDP比）	地域間公平性	負荷
	•伝統と先端技術	5）国際協力	5）国民総所得（GNI）における援助額の割合	意志とつながり	変革
	•地域振興				
	•国際貢献				
S）社会	•スローライフ	1）安全	1）一般刑法犯発生率（10万人当たりの発生件数）	容量・資源	負荷
	•自然に生かされる	2）モビリティ	2）15歳以上の自宅外通勤・通学者の利用交通手段に占める「自転車だけ」の割合	地域間公平性	状況
	•相互の助け合い	3）ジェンダー・マイノリティ	3）国会の議席数に占める女性の割合	多様性	状況
	•機会の平等	4）伝統・文化	4）伝統工芸品の生産額	多様性	状況
	•地域文化	5）お金の流れ	5）SRI 型投資信託の総投資信託純資産残高に占める割合	意志とつながり	変革
	•コミュニティ活性				
W）個人	•笑顔	1）生活満足	1）現在の生活に満足している人の割合	意志とつながり	状況
	•自由と市民参加	2）学力・教育	2）OECD による学習到達度調査（PISA）	意志とつながり	状況
	•能力開発，成長	3）市民参加	3）1日の余暇時間に占めるボランティア・社会参加活動への参加時間の割合	意志とつながり，多様性	変革
	•倫理涵養	4）心身の健康	4）自殺死亡率（人口10万人当たりの自殺数）	容量・資源，意志とつながり	状況
	•健康で安全	5）生活格差	5）生活保護率	地域間公平性	状況
	•天職				

持続可能性の評価基準

点数		状態
100	Sustainable	持続可能性またはそれに近い状態．2050年目標を既に達成
80–99	Fair	まずまずの状態．Sustainable に近づいている．近い．
60–79	Strong caution	要注意．Sustainability が脅かされている．不安，不安定．
40–59	Dangerous	危険．持続可能性を損なう事象が顕著化している．不十分．
20–39	Very dangerous	非常に危険．持続可能性から遠ざかっている．不満．
20未満	Disastrous	壊滅的．持続不能．他国に比べて著しく劣る．論外の状態．

出典：ジャパン・フォー・サステナビリティ「持続可能な日本の社会を考える ── JFS持続可能性指標第1～第2期プロジェクト報告」（2007年）

9.5 持続可能な社会を目指した取り組み

自然の法則に従えば，地球のエントロピーを減少させるのは，外界からの唯一の入力である太陽エネルギーであり，最終的には太陽エネルギーの入力によって，地球の秩序を保てる（低エントロピー状態を維持する）だけの技術的進歩を期待する．しかし，現状のエネルギー消費の推移が続く限り，許された時間内に達成するのは困難と考えられる．技術の進展に頼れない以上，価値観と生き方の変革が必要であり，そのために，環境倫理を重視し，自然と調和・共存する経済，社会システムを築いていくことが求められる．このような社会の絵図面をいくつかの視点にたって描いてみる．

地球温暖化問題への対応と化石燃料に依存する社会からの脱却という点に着目すれば，化石燃料の使用と温室効果ガスの排出を削減し，世界全体の排出量を自然の吸収量と同等レベルにしていくことで，気候に悪影響を及ぼさない水準に大気中の温室効果ガス濃度を安定化させていくと同時に，生活の豊かさを実感できる社会（低炭素社会）に向けた取り組みが求められる．

低炭素社会に向けた取り組みには，まず，温室効果ガスの中で，大きな割合を占めるCO_2の排出を全世界レベルで自然が吸収できる水準まで削減することであり，化石資源の使用を抑制することが求められる．しかし，経済発展にはエネルギーの使用が不可欠である．まず，化石資源への依存から脱却し，社会全体でエネルギーを有効に利用できる省エネルギー型の構造に変革することで，高いGDPを維持してもCO_2の排出量が増加しない社会を創造していく必要がある．

世界エネルギー機関（IEA）が2050年までにCO_2の排出量を半減させ，地球の平均温度上昇を2℃に抑えるシナリオ（図9.5.1）について，エネルギーの量と構成を試算している（表9.5.1）．2℃シナリオでは，一次エネルギー供給量は7.0×10^{20} J（石油換算166億t）であり，大

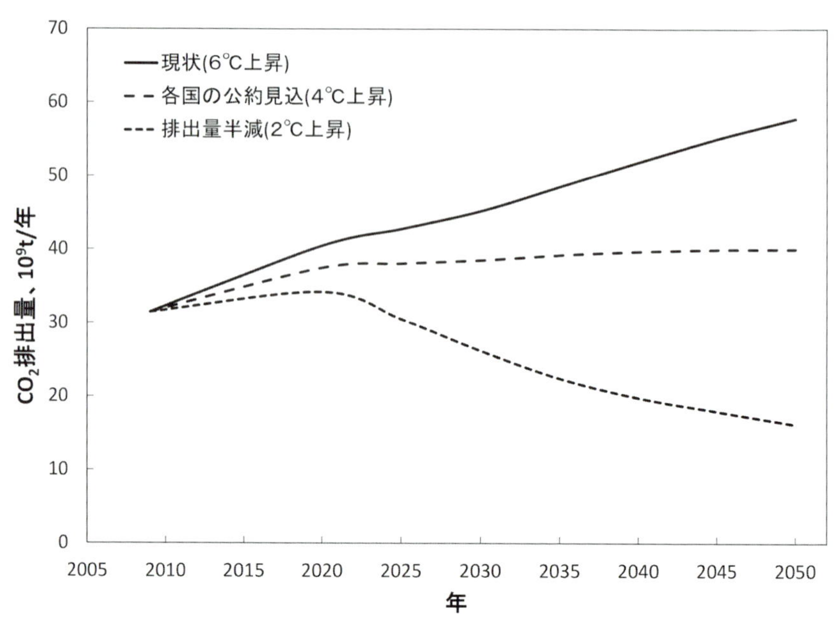

図9.5.1　CO_2排出量の将来見通し

出典：Energy Technology Perspectives 2012, IEAをもとに作成

きい供給量を維持しているが，化石燃料の割合は46％に低減している(2009年，80％)．特に，発電での化石燃料の使用が減少（24％）し，再生可能エネルギーの利用が増えている（57％)．また，原子力発電への依存も15％から27％に拡大している．最終消費でのエネルギー構成では，化石燃料の減少と再生可能エネルギーの増加に加えて，電力の割合が増加しており，電化への移行が社会全体に浸透している．部門別のエネルギー消費では輸送部門のエネルギー消費が減少（23％）しており，輸送システムの改善に加えて，電気や燃料電池自動車の普及が貢献している．さらに，CO_2の貯留技術（CCS）が80億t使われている．石炭や天然ガスの発電設備から排出されるCO_2を捕集し，地下や海底に駐留することでCO_2の排出を２割削減している．このシナリオにおけるCO_2排出量は162億tであり，現状（2009年，314億t）の52％に削

表9.5.1　2050年のエネルギー消費とCO_2排出

	2009年（現状）	6℃シナリオ	4℃シナリオ	2℃シナリオ
一次エネルギー供給（PJ）	508623	940326	837799	696733
エネルギーの構成				
石炭	27.2%	32.1%	20.8%	11.7%
石油	32.8%	26.9%	26.9%	16.8%
天然ガス	20.9%	20.8%	21.3%	17.7%
原子力	5.8%	4.9%	6.9%	12.4%
水力	2.3%	2.1%	2.6%	3.4%
バイオマス・廃棄物	10.2%	9.8%	15.2%	22.3%
他の再生可能エネルギー	0.8%	3.4%	6.3%	15.6%
電力へのエネルギー投入	37.6%	41.4%	40.2%	45.4%
燃料の構成				
石炭	46.8%	48.6%	31.2%	12.6%
石油	5.8%	1.4%	1.4%	0.4%
天然ガス	22.0%	20.8%	22.3%	12.7%
原子力	15.4%	11.9%	17.3%	27.3%
水力	6.1%	5.4%	6.6%	8.4%
バイオマス・廃棄物	2.0%	4.4%	6.5%	7.7%
他の再生可能エネルギー	1.8%	7.5%	14.7%	30.9%
発電量（TWh）	20043	46816	44087	41565
電源構成				
石炭	40.5%	48.0%	28.5%	11.9%
天然ガス	21.5%	22.3%	22.5%	11.5%
石油	5.1%	1.1%	1.0%	0.3%
バイオマス・廃棄物	1.4%	3.9%	5.7%	7.4%
原子力	13.5%	9.0%	12.1%	19.0%
水力	16.2%	12.3%	13.9%	17.1%
太陽光	0.1%	0.8%	2.6%	6.4%
太陽熱	0.0%	0.2%	2.9%	8.0%
風力	1.4%	2.2%	9.1%	14.8%
地熱	0.3%	0.1%	1.3%	2.4%
海洋	0.0%	0.1%	0.4%	1.3%
エネルギー消費（PJ）				
最終消費のエネルギー	356722	629969	579567	466104
消費部門の構成				
工業部門のエネルギー消費	29.4%	30.9%	29.9%	31.5%
エネルギー以外の利用	8.8%	9.8%	10.2%	11.9%
輸送部門のエネルギー消費	26.2%	27.1%	27.6%	22.5%
民生，農業，漁業部門	35.7%	32.2%	32.3%	34.2%
最終消費のエネルギー構成				
石炭	12.3%	9.5%	9.1%	8.6%
石油	40.7%	38.2%	37.6%	24.4%
天然ガス	14.3%	15.8%	15.5%	16.2%
バイオマス・廃棄物	12.7%	9.8%	11.3%	18.7%
その他の再生可能エネルギー	0.2%	0.4%	0.7%	2.3%
電力	16.9%	23.0%	23.5%	26.2%
熱供給	3.0%	2.4%	2.3%	2.5%
水素	0.0%	0.0%	0.0%	1.0%
CO_2排出量（Mt CO_2）	31466	57834	40059	16206
各部門の割合				
発電部門	37.6%	42.2%	34.7%	14.5%
他の変換部門	5.0%	7.8%	5.0%	-1.2%
工業部門のエネルギー消費	26.5%	21.1%	25.1%	41.3%
輸送部門のエネルギー消費	20.4%	21.1%	25.7%	28.9%
建物，農業，漁業部門，その他	10.4%	7.8%	9.5%	16.6%
CCS（Mt CO_2）	0	49	1,209	7,938

出典：Energy Technology Perspectives 2012, IEAをもとに作成

減されている．

様々な技術を活用，組み合わせて（表9.5.2），社会全体として脱化石燃料と効率的なエネルギー利用を推し進めることが，化石燃料に依存しない社会（低炭素社会）への転換の鍵である．先進国，途上国を含め，地球全体でCO_2排出を削減し，低い環境負荷を維持しながら，経済発展を持続できる仕組みを早急に作ることが，求められている．

資源の採取や製品の廃棄に伴う環境負荷や汚染に着目すれば，資源の採取，生産，流通，消費，廃棄に至る，資源および製品のライフサイクル全般にわたって，廃棄物等の発生抑制や資源の循環・再利用などの取り組みにより，循環型社会を構築していくことが必要である．

さらに，人類の生存基盤である生態系の保全という観点からは，生物多様性が適切に保たれ，自然の恵みを将来世代にわたって享受できる，自然に調和した社会経済活動（自然共生社会）が求められる．生物多様性や生態系を変化させた大きな要因は，気候変動による生息域の変化や移入種，侵略種の影響，開発・乱獲などによる人間活動の強い影響に加えて，田園や里山の手入れ不足など，伝統的な自然への働きかけの喪失，自然界には存在しない化学物質による土壌や水質の汚染がある．

自然環境とかかわりの深い農業もいくつかの課題を抱えている．農業生態系の持続可能な管理には，栄養素である窒素とリンが重要な役割を果たす．しかし，食糧や肥料，飼料などの国際貿易は，これらの栄養塩の世界的な収支を大きく偏在させている．同時に，窒素，リンの土壌や淡水，河川，地下水，海への流出は，生態系の変化を引き起こす大きな要因の一つである．

今後，増加する人口を養うためには食糧の増産が必要であり，栽培面積当たりの収量増加が求められる．そこに投入されるのはエネルギーであり，CO_2の排出を増加させる．さらに，食糧の輸送，包装，貯蔵，販売にもエネルギーが消費される．持続可能な農業を目指すためには，有機農法や遺伝子組み換え作物の選択，地産池消による地域の消費に対応

表9.5.2　CO_2排出の削減・抑制のための対策

技術・制度			具体例
技術の開発と利用			
	CO_2発生抑制技術の開発と利用	省エネルギー技術	高効率エネルギー利用技術（ハイブリット自動車，高効率エアコン，ヒートポンプ等） 高効率エネルギー転換技術
		化石燃料からの転換	利用の削減，燃料の転換（石炭から天然ガス），水素の活用
		原子力の利用	核燃サイクル，高速増殖炉技術
		再生可能エネルギーの利用促進と技術開発	水力，風力，地熱，太陽光，太陽熱，潮力，波力，バイオマス等の利活用システムの構築と技術開発
	CO_2の回収・貯留技術の開発と利用	CO_2の回収	発電所，製鉄所等のCO_2大量発生源からの分離・回収技術
		CO_2の貯留	海洋隔離（海洋が持つCO_2吸収能力を利用した貯留技術） 地中貯留（地下の地質が持つCO_2貯留能力を利用した技術）
	CO_2吸収源拡大技術の開発	植林・大規模緑化の促進	植物の光合成によるCO_2の吸収固定，農地による吸収（不耕起栽培，堆肥使用等）
		海洋のCO_2固定能力の強化	人工湧昇流を利用した植物プランクトンによる海洋表層のCO_2吸収固定
社会制度・システムの構築			
	中央・地方政府における効果的政策・制度の確立，国際的枠組みの構築	広報・助言によるアプローチ	消費者・生産者への直接的助言，メディア等による啓発，CSR（企業の社会的責任・環境経営）活動，住民参加事業等の推進
		規制的手段によるアプローチ	基準の設定（化学物質の利用基準，CO_2の排出削減目標等），規制・禁止の措置（汚染源となる諸活動の規制・禁止），許可制の導入等
		経済的手段によるアプローチ	世界共通環境税，比例的炭素税の創設等 課徴金・税の導入（排出課徴金・排出税，利用者課徴金，製品課徴金），排出量の取引（CDM，JI事業，カーボンオフセット等），貯託金払い戻し制度，資金援助（エコポイント，環境補助金），その他（実施インセンティブ，罰金，損害賠償等）
	共生持続型社会システムの構築	地域循環システムの構築	大量生産・大量消費・大量廃棄から適正生産・適性消費・最小廃棄・無害化への転換
		地産池消システムの構築	食料やエネルギー（自然エネルギー）等の利用，資源の地域内自給への転換
		地域共働システムの構築	個別的な取り組みから住民・生産者・企業・行政等の一体的取り組みへの発展
		地域経済自立運営システムの構築	利用資源の経済的採算の追求，政策支援の確立
実践と教育の実施			
	省エネルギーの実施	ライフスタイルのスリム化	公共交通機関の利用，カーシェアリング，自転車利用，節電，省エネ住宅，旬の農産物の地産地消，ごみの削減，森林保全と国産材の利用，環境教育・学習の推進
		産業活動のスリム化	省エネ・節電の励行，省エネ工場・ビル，CO_2発生抑制製品の利用，カーボンマネジメントの徹底，環境経営の実践，社内教育の推進，環境保全型農業の推進

出典：国会図書館調査及び立法考査局「持続可能な社会の構築総合報告書」（2010年），資源エネルギー庁「総合資源エネルギー調査会資料」，地球環境産業技術研究機構（RITE）資料，環境省地球環境局資料．IPPC「第５次評価報告書第３作業部会報告書」（2014年）等をもとに作成

した食物生産への変革が求められる.

以上，持続可能な社会を創造していくには，まだまだ課題が多い．しかし，対応が遅れれば，対策の選択肢が狭まっていく．すべての人が持続可能な社会の実現の必要性に対する認識を共有し，国内外の幅広い関係者の参加と協働のもと，世界の人々が自然と調和しつつ，健康で生産的な生活を享受できるよう，一人ひとりが行動をおこし，力強く押し上げていくことが求められるだろう.

今後の対処方法としては，以下の項目があげられる.

①対策の実施

複数の予防的対策のコストと便益，リスクを精査しながら，バランスよく組み合わせて問題に対処していく.

②現象の観察

地球生命維持システムの変化をモニターする装置や指標を増やし，かつ，感度を高め，感知できなかった現象を局所的，全地球的に検知可能にする.

③科学技術と社会制度の発展

地球生命維持システムそのものと人間社会の関係をよく知り，それらを制御する手法を科学技術および社会システムの双方で発展させる.

10. おわりに

私たち人間の自然や生態系とのかかわりは，人間至上主義的な面を持っている．自分たちの物質的な欲求を満足させるために，周りの自然や生態系を利用してきた．「環境」という言葉も辞書によると，「周りにあるもの」，「周りをとりまくもの」という意味の通り，その中心には暗黙のうちに人間が据えられている．私たちが抱える環境問題は，気候変動にしても化学物質による汚染にしても，過去に大量の化石燃料を燃やし，経済や効率を優先させるため，排煙や排水を未処理のまま放出した人間の傍若無人な振る舞いの結果であり，それが私たちの健康や生活を脅かしている．まさに因果応報といったところである．しかし，今，私たちは70億人を超える人口を抱えるまでになってしまった．70億人の人間が経済成長を望み，それぞれの物質的な欲求を満足させるには，自然や生態系の破壊は避けられない状況になっている．

地球温暖化の問題は気候変動枠組条約締約国会議の中で議論が進んでいる．国際的な協調のもとで，温室効果ガスの排出削減の交渉は収束に向かいつつある．しかし，地球の平均気温の上昇が，今世紀末の時点で２℃未満に収まるのか，６℃上昇するのか予断を許さない状況である．

ここで少し視点を変えてみる．地球は，その誕生以来，幾度となく気候変動や地殻変動を繰り返してきた．二酸化炭素濃度が減少したため大気の温室効果が薄れ，地球全体が氷点下50℃以下になり，海水も凍結した状態が数百万年続いたこともあった．逆に，大気中の二酸化炭素濃度が高くなり，温暖化が進んでいた時代もあった．それらの変動に生物は翻弄されながらも，環境の変化に適応し，また，自らを進化させ，命をつないできた．しかし，生物が自らの意志で環境の変化に適応したわけではなく，たまたまその環境に適応できる能力を身に付けていた種が生き残り，その中から，さらに生き残る能力を身に付けたものが出てくると，そのものに取って代わられるという進化をたどってきた．新しい種が形成されるには100万年単位の時間が必要といわれている．現在の多様な生物は，様々な環境に時間をかけて適応していった結果生まれたものである．

人類は，300万年前，暗い洞窟の中で肉食獣の襲撃におびえながら隠れるように暮らしていた目立たない存在だった．その時に発達しだした脳が，のちに道具を作り出し，強力なハンターに変身し，180万年前に世界中に広がっていった．そして，その中から抽象的な思考能力を発達させた私たちの祖先が20万年前に現れ，飛び道具を使って他の生物を圧倒し，世界中に広がった．彼らの一部は１万3000年前の寒冷化と乾燥化した気候に適応して農耕を始め，文明を開化させ，現在の繁栄をもたらしている．この間，私たちの祖先ホモ・サピエンス以外に，幾種かの人類が誕生した．彼らも，その時々の環境には適応し生き延びたが，最終的には変化した環境に適応できずに絶滅していった．私たちも環境の変化に適応できなくなれば滅びるし，私たちの中から環境に適応できる新しい種が生まれてくるかもしれない．生物の進化や種の変遷は，実に，100万年単位でゆっくりと時間が流れている．

気候も10万年単位でゆっくりと変動している．約500万年前に寒冷化が進んだ気候は，氷期と間氷期を繰り返してきた．最後の氷期は約１万年前に終わり，現在は間氷期にあたり，温暖な気候が続いている．人類の文明はわずか１万年，人間の寿命は100年足らずである．それらに比べて，悠久のごとく地球の時間は流れている．人類の文明など地球の時間の中では，まさに一瞬の花火のようなものである．現在，私たちが直面している気候変動や災害も，地球の歴史の中では過去に似たようなことが起こっているし，また，人類の短い時間の中でも，過去に経験してきたことである．7000年前には今より平均気温が高く，海面も３〜５m高かった時期があった．森林を破壊すると洪水などの災害が起こり，国が亡びることは5000年前の古代メソポタミアに逸話が残っている．日本は災害の多い土地である．昔から地震や台風，土砂崩れ，火山の噴火などの被害を受けてきた．しかし，100年足らずの短い寿命しかない人間にはその経験や教訓をうまく後世に伝えることができていない．

食糧の確保ができるうちは人口が増え続けるであろう．これは，人間が経済成長を望むからではなく，生物は子孫を残し，種を繁栄させ，命をつないでいくものだからである．生物を生存に適した環境に放つと，ある時点から爆発的に増殖する．しかし，環境の限界に近づくと増加が鈍くなり安定した平衡状態に達する（図10.1のａ）．そこに，人類は科学技術という強力な力を獲得してしまった．もはや，食糧を確保するうえで妨げるものはなく，森林を伐採して畑をつくり，エネルギーを投入して肥料と農薬をつくり，食糧を増産するであろう．まだ，その限界は見えていない．その結果，地球の自然や生態系がどの程度破壊されるかは想像できない．このままでは，限界に達した後も，なお環境資源を食い尽くし，衰退して滅亡する愚かな道をたどりかねない（図10.1のｂ）．今世紀の大きな課題は，「物質的満足を追求する文化から，どうすれば私たち自身のためにも，地球の自然と生態系のためにも，永続する持続

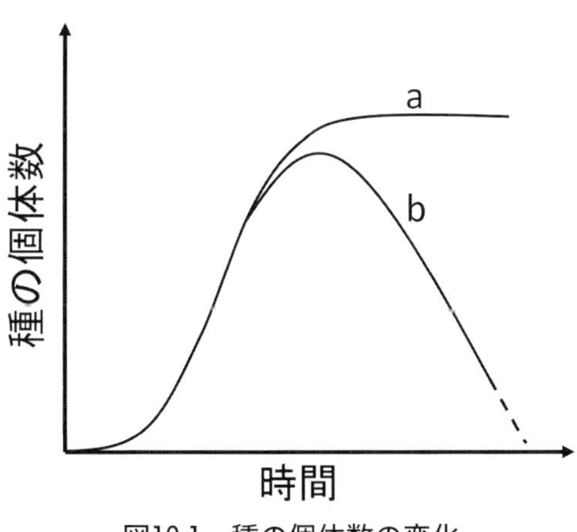

図10.1　種の個体数の変化

可能な文化にうまく移行できるか」である.

環境という分野は，自然科学と人文科学の複合領域で，実に幅広い分野である．環境問題について，全体をわかりやすく解説することを目標に，まとめた次第である．現在，私たち人類は限界という壁に突き当たり，大きな曲がり角に差し掛かっている．社会も様々な壁という閉塞感に満ちている．一人ひとりが，自分の問題として，環境について考え，行動に移していくことが大切である．これまで，物質的満足を追求してきた私たちの生き方がすぐに変わるとは思えない．２世代，３世代，いや，100年，200年かかるかもしれない．それでも，変えていかなければ人類は生き残れないだろう．この本が，皆さんが環境について，また，生き方について考える一助になってくれれば幸いである．

11. 検討課題

さらに，環境について深く理解したい場合，以下の項目について検討してみることをお勧めする．

◆第２章

1．地球に到達するエネルギーがどのように使われるか，その量と経路について調べ，エネルギー収支がとれているか検討しなさい．

2．水の地球環境の中での役割について説明しなさい．

3．市販のミネラルウォーターについて，国産のものとフランスなどからの外国のものと成分にどのような違いがあるか調べなさい．

4．地球の大きさ（直径）が半分だったら，また，地球と太陽の距離が半分の場合と２倍の場合について，地球の環境はどうなっているかを検討しなさい．なお，地球の密度は均一と仮定する．

5．最近温暖化が起こっていると感じる点を，例を挙げて説明しなさい．また，報道によると，南極やグリーンランドの氷床が解け，海水面が上昇している．世界の平均気温は0.8℃上昇したが，これは１日や年間の気温に比べると体感できる大きさとは思えない．その違いについて考えなさい．

6．外来種が日本の生態系に及ぼす影響について，その実態を調べなさい．

7．生態系とは高エネルギー，低エントロピー物質の利用を，時間的に同調しながら，連鎖的に，そして循環的に行う共生系である．このことはどういう意味か．具体的な例を挙げて説明しなさい．また，生物にとっての低エントロピー物質とは何かについて説明しなさい．

8．地球の物質循環の中での人間社会の位置づけについて考えなさい．

9．環境の中での生命，生物の役割について説明しなさい．また，逆に，生物に対して環境が果たす役割について論じなさい．

◆第３章

1．日本の人口は1.2億人で世界人口は73億人である．2050年には日本の人口9000万人，世界人口90億人になる．日本と世界において引き起こる問題と解決しやすくなる問題について考えなさい．

2．人口が10億人を超えている中国，インドはともに経済成長が著しく，国民の生活レベルの向上が顕著である．この２カ国は今後地球環境にどのような影響を及ぼすか考えなさい．

3．日本の食糧自給率は年々低下している．このまま低下するとどのような問題が発生するか，考えなさい．また，食糧自給率を引き上げるにはどうすればよいかを考えなさい．

4．日本のエネルギー自給率は低い．その現状と，エネルギーセキュリティーの立場から実施されている対策について調べなさい．

5．日本のゴミの排出とリサイクルの現状について調べなさい．また，日本で廃棄された家電製品，パソコン，電子部品，車，建設機械などの一部は，周辺の国に運ばれリサイクルされており，日本と周辺国とを含めたリサイクル市場が出来上がっている．その現状とこのような中古品が持ち込まれることによって周辺国で起こっている問題点について調べなさい．

◆第4章

1．我々の祖先は鬱蒼と茂る常緑の原生林を開き，畑や水田としてきた．そしてその周りにアカマツ，コナラ，クヌギなどの里山や雑木林が形成されてきた．環境省の調査（2001年）によると国土の4割が里地，里山であるといわれるが，最近，里山の景観が急速に変わりつつある．どのような変化がみられるか考察しなさい．

2．中世ヨーロッパの新大陸発見に続いて，北アメリカ，南アメリカが植民地化され，多くのヨーロッパ人が移住した．この植民地化によって，南北アメリカの森林資源がどうなったのか調べなさい．

3．現在の環境問題の特徴を1970年代の公害問題と比較して，共通点と相違点を説明しなさい．

◆第5章

1．環境ホルモンの，ノニルフェノール，4-t-オクチルフェノール，ビスフェノールAはどのようなところに使われているか，調べなさい．

2．酸性雨の被害が寒冷地で顕著である理由を考えなさい．

3．各自が住んでいる地域で，微粒子状物質が環境基準を超えている日が何日あるか調べなさい.

4．各自が住んでいる地域の光化学オキシダント濃度を調べなさい．また，どのような時に濃度が高くなっているかについても調べなさい.

5．マヨネーズ小匙１杯（５mL）を下水に流したとき，もう一度魚が住める程度の水質に戻すには，何リットルの水で希釈する必要があるか調べなさい.

◆第６章

1．MSDS シートにはどのような項目が記載されているかを，ベンゼンとトリクロロエチレンについて調べなさい.

2．OECD の HPV プログラムの一環として日本が行っている化学物質の安全性評価（Japan チャレンジプログラム）について調べなさい.

3．環境に関する国際規格 ISO14000 シリーズ（環境マネジメントシステム）について調べなさい.

4．物質や製品のライフサイクルアセスメントとはどのような概念か，調べなさい.

◆第７章

1．放射性核種は地球の年齢を推定するのに使用されている．どのような方法か調べなさい.

2．日常生活の中での年間被曝量について，各自，見積もりなさい．

◆第８章

1．ベンゼンとトリクロロエチレンについて，PRTR 法に従って，環境への排出量とその経路を調べなさい．

2．ヒ素とカドミウム，水銀について，その暴露経路を調べなさい．

◆第９章

1．持続してほしい未来の社会とはどんな社会か．日本と世界の両方について考えなさい．

2．生活水準の向上と環境負荷を分離するうえで，南北問題は大きな問題である．この問題にどう取り組み，世界全体として持続可能な社会を築くのかを考えなさい．

3．物質循環とエネルギー消費の視点から見れば，社会的な無駄であることが一目瞭然であるのに，その視点を欠いているために無駄使いになってしまっているような社会的事象を挙げて，どうすればよいのかを考えなさい．

4．身近に実感できる環境問題について，具体例を挙げ，その原因と，有効な対策を考えなさい．

5．生態系サービスとはどのような概念か．私たちは具体的にどのようなサービスを受けているか考えなさい．

12. 参考資料

◆第1章

環境省「環境，循環型社会，生物多様性白書」平成26年版，2014年.

環境庁「環境白書」平成２年版，1990年.

気候変動に関する政府間パネル（IPCC），第５次評価報告書，第１作業部会報告書，2014年.

◆第2章

勝木渥『物理学に基づく環境の基礎理論』海鳴社，1999年.

川本克也『環境有機化学物質論』共立出版，2006年.

Spiro, T. G.， Stigliani, W. M. 著，正田誠，小林孝彰訳『環境の科学』学会出版センター，1985年.

住友恒，村上仁士，伊藤禎彦・他『環境工学』理工図書，1998年.

生物多様性条約事務局編，環境省訳「地球規模生物多様性概況第３班」UNEP，2010年.

世良力『環境科学要論』東京化学同人，2011年.

多賀光彦，那須淑子『地球の化学と環境』三共出版，1994年.

真木太一『大気環境学』朝倉書店，2000年.

御園生誠『化学環境学』裳華房，2007年.

ムーア, W. J. 著，藤代亮一訳『物理化学　上』東京化学同人，1974年.

文部科学省，経済産業省，気象庁，環境省仮訳「IPPC第４次評価報告書，統合報告書，政策決定者向け要約（仮訳）」2007年11月30日.

文部科学省国立天文台編『理科年表』丸善株式会社，2004年.

安田延壽『基礎大気科学』朝倉書店，1994年.

安原昭夫，小田淳子『地球の環境と化学物質』三共出版，2007年.

安原昭夫『新版　地球の環境と化学物質』三共出版，2013年．

◆第３章

IEA, *Energy Technology Perspectives 2012*.
浮田正夫，河原長美，福島武彦『環境保全工学』技報堂出版，2005年．
環境省「環境，循環型社会，生物多様性白書」平成25年版，2013年．
国土交通省「日本の水資源」2014年．
国際食料問題研究会「食料をめぐる国際情勢とその将来に関する分析」農林水産省，2007年．
小島道一『アジアにおける循環資源貿易』アジア経済研究所，2005年．
小寺正一「水問題をめぐる世界の現状と課題」国立国会図書館調査及び立法考査局，レファレンス，2010年６月，73–97．
資源エネルギー庁「平成25年度版エネルギー白書」2014年．
総務省「世界の統計」第４章農林水産業，2014年．
土屋晉『知って得する環境・エネルギー・生命の科学』講談社サイエンティフィック，2003年．
東京大学公開講座『エネルギー』東京大学出版会，1974年．
東京大学公開講座『環境』東京大学出版会，1991年．
農林水産省「食料，農業，農村の動向」平成26年度版，2015年．
農林水産省「森林及び林業の動向」平成26年度版，2015年．
八田善明「レアメタル/レアアースの戦略性と安全保障」外務省調査月報，2010(3)，1–28．
BP, *BP Energy Outlook 2035*, 2014.
FAO, *Faostat*, 2014.8.11.
FAO, *Global Food Losses and Food Waste*, 2011.
FAO「世界森林資源評価」2010年．
Boys, A. F. F.「日本における農業とエネルギー」茨城キリスト教大学短期大学部研究紀要，40(2000)，29–132．

松本聡「日本の汚染土壌の全体像概説」地球環境，15(1)(2010)，31–35.
養老孟司『本質を見抜く力 ── 環境・食料・エネルギー』PHP研究所，2008年.
吉野昇『絵とき　環境保全対策と技術』オーム社，1999年.

◆第４章

海部陽介『人類がたどってきた道』NHKブックス，2005年.
加藤邦興『化学の技術史』オーム社，1980年.
環境省「環境，循環型社会，生物多様性白書」平成25年版，2013年.
高橋武雄『化学工業史』産業図書，1973年.
中尾佐助『栽培植物と農耕の起源』岩波新書，1966年.
中山秀太郎『技術史入門』オーム社，1979年.
ニュート，E.，猪苗代英徳訳『世界のたね』NHK出版，1999年.
馬場悠男『人間性の進化』別冊日経サイエンス，2005年.
フェイガン，B.，東郷えりか訳『古代文明と気候大変動』河出文庫，2008年.
宮崎正勝『モノの世界史』原書房，2002年.
ランガム，R.，依田卓巳訳『火の賜物』NTT出版，2010年.
ロイド，C.，野中香方子訳『137億年の物語』文藝春秋，2012年.

◆第５章

化学物質評価研究機構「残留性有機汚染物質等に関する調査報告書」2012年.
㈳環境情報センター「化学物質とその管理のしくみ〜新しい『つきあい方』を考える〜」2000年.
カーソン，R. L.，青樹梁一訳『沈黙の春』新潮文庫，1974年.
コルボーン，T.，ピーターソン，J.，ドマノスキー，D.，長尾力訳『奪われし未来』翔泳社，2001年.

環境省環境保健部環境安全課「化学物質と環境」平成23年度版，2014年.
環境省，水・大気環境局総務課ダイオキシン対策室「ダイオキシン類」2005年.
環境省「POPs残留性有機汚染物質」2012年.
環境省「微小粒子状物質暴露影響調査研究報告書」2007年.
環境省「水俣病の教訓と日本の水銀対策」2011年.
国際協力銀行，山口大学『環境教育に関する高校生用ハンドブック』平成20年５月.
国立医薬品食品衛生研究所安全情報部「国際化合物質簡潔評価文書」「水銀元素および無機水銀化合物：ヒトの健康への影響」2005年.
中央環境審議会大気環境部会「微小粒子状物質環境基準専門委員会報告」2009年.
伏見暁洋，森野悠，高見昭憲，大原利眞，田邊潔「PM 2.5の実態解明に向けて」J. Jpn. Soc. Atmos. Environ., 46(2)(2011), 84–100.

◆第６章

経済産業省「化学物質管理政策の現状と課題」平成24年10月.
経済産業省「化学物質管理政策の概要について～化審法，化管法の見直し～」平成21年10月.

◆第７章

赤羽恵一「医療被ばくの現状」*INNERVISION*, 25-6(2010), 46–49.
大学共同利用機関法人高エネルギー加速器研究機構放射線科学センター「暮らしの中の放射線」2013年.
三田村好矩，西村生哉，村林俊『臨床工学技士のための生体物性』コロナ社，2012年.

◆第８章

榎本眞『化学物質の功罪』日本地域社会研究所，2010年.

NITE化学物質管理センター「化学物質のリスク評価についてver.4」2007年.

Gamo, M., Oka, T., Nakanishi, J., *Chemosphere*, 53(2003), 277–285.

環境省，水・大気環境局総務課ダイオキシン対策室「ダイオキシン類」2012年.

西原力『環境と化学物質』大阪大学出版会，2001年.

◆第９章

Alexanderatos, N., Bruinsma, J., World Agriculture towards 2030/2050, *ESA Working Paper*, 12–03, 2012, FAO.

IEA, *Energy Technology Perspectives 2012*.

気候変動に関する政府間パネル（IPCC），第５次評価報告書，第３作業部会報告書，2014年.

国会図書館調査及び立法考査局「持続可能な社会の構築総合報告書」2010年.

国連開発計画「人間開発報告書」2013年.

資源エネルギー庁「平成25年度　エネルギーに関する年次報告」2014年.

システム研究所「脱炭素社会に向けたエネルギーシナリオ提案」2013年，WWFジャパン.

多田博之「持続可能な日本のビジョンと指標についての研究」千葉大学公共研究，2(3)(2005)，154–183.

地球環境問題を考える懇談会「生存の条件」旭硝子財団，2009年.

文部科学省，気象庁，環境省「日本の気候変動とその影響（2012年度版）」2013年.

矢口克也「『持続可能な発展』理念の論点と持続可能性指標」国立国

会図書館調査及び立法考査局，レファレンス，2010年４月，1–27.
RSBS「サステナビリティの科学的基礎に関する調査報告書」2006年.
The World Bank, *GNI Atlas*, 2014.
WWF, Living Planet Report 2009.
WWF，エコロジカル・フットプリントレポート日本2009.
WWF, Living Planet Report 2014.

13. 付録：日本の環境基準

1　大気汚染に係る環境基準

表１　大気汚染に係る環境基準

物質	環境上の条件	測定方法
二酸化硫黄（SO_2）	１時間値の１日平均値0.04 ppm 以下かつ，１時間値が0.1 ppm 以下	溶液導電率法又は紫外線蛍光法
一酸化炭素（CO）	１時間値の１日平均値10 ppm 以下かつ，１時間値の８時間平均値が20 ppm 以下	非分散型赤外分析計を用いる方法
浮遊粒子状物質（SPM）	１時間値の１日平均値0.10 mg/m^3 以下かつ，１時間値が0.20 mg/m^3 以下	濾過捕集による重量濃度測定方法またはこの方法によって測定された重量濃度と直線的な関係を有する量が得られる光散乱法，圧電天秤法若しくはベータ線吸収法
二酸化窒素（NO_2）	１時間値の１日平均値0.04～0.06 ppm のゾーン内またはそれ以下	ザルツマン試薬を用いる吸光光度法又はオゾンを用いる化学発光法
光化学オキシダント（Ox）	１時間値が0.06 ppm 以下	中性ヨウ化カリウム溶液を用いる吸光光度法若しくは電量法，紫外線吸収法又はエチレンを用いる化学発光法

表２　有機大気汚染物質（ベンゼン等）に係る環境基準

物質	環境上の条件	測定方法
ベンゼン	１年平均値が0.003 mg/m^3 以下	キャニスターまたは捕集管により採取した試料をガスクロマトグラフ質量分析計により測定する方法を標準とする．また，当該物質に関し，標準法と同等以上の性能を有使用可能とする．
トリクロロエチレン	１年平均値が0.2 mg/m^3 以下	
テトラクロロエチレン	１年平均値が0.2 mg/m^3 以下	
ジクロロメタン	１年平均値が0.15 mg/m^3 以下	

表３　ダイオキシンに係る環境基準

物質	環境上の条件	測定方法
ダイオキシン類	1年平均値が0.6 pg-TEQ/m^{3}以下	ポリウレタンフォームを装着した採集筒を濾紙後段に取り付けたエアサンプラーにより採取した試料を高分解能ガスクロマトグラフ質量分析計により測定する方法

表４　微小粒子状物質に係る環境基準

物質	環境上の条件	測定方法
微小粒子状物質	1年平均値が15 μg/m^{3}以下，かつ1日平均値が35 μg/m^{3}以下	微小粒子状物質による大気の汚染の状況を的確に把握することができると認められる場所において，濾過捕集による質量濃度測定方法又はこの方法によって測定された質量濃度と等価な値が得られると認められる自動測定機による方法

2 水質汚濁に係る環境基準

表１　人の健康の保護に関する環境基準

項目	基準値
カドミウム	0.003 mg/L 以下
全シアン	検出されないこと
鉛	0.01 mg/L 以下
六価クロム	0.05 mg/L 以下
砒素	0.01 mg/L 以下
総水銀	0.0005 mg/L 以下
アルキル水銀	検出されないこと
PCB	検出されないこと
ジクロロメタン	0.02 mg/L 以下
四塩化炭素	0.002 mg/L 以下
1,2－ジクロロエタン	0.004 mg/L 以下
1,1－ジクロロエチレン	0.1 mg/L 以下
シス－1,2－ジクロロエチレン	0.04 mg/L 以下
1,1,1－トリクロロエタン	1 mg/L 以下
1,1,2－トリクロロエタン	0.006 mg/L 以下
トリクロロエチレン	0.01 mg/L 以下
テトラクロロエチレン	0.01 mg/L 以下
1,3－ジクロロプロペン	0.002 mg/L 以下
チウラム	0.006 mg/L 以下
シマジン	0.003 mg/L 以下
チオベンカルブ	0.02 mg/L 以下
ベンゼン	0.01 mg/L 以下
セレン	0.01 mg/L 以下
硝酸性窒素及び亜硝酸性窒素	10 mg/L 以下
フッ素	0.8 mg/L 以下
ホウ素	1 mg/L 以下
1,4－ジオキサン	0.05 mg/L 以下

表２　生活環境の保全に関する環境基準（河川）

ア

基準値	項目類型					
	AA	A	B	C	D	E
水素イオン濃度（pH）	6.5以上 8.5以下	6.5以上 8.5以下	6.5以上 8.5以下	6.5以上 8.5以下	6.5以上 8.5以下	6.5以上 8.5以下
生物学的酸素要求量（BOD）（mg/L）	1以下	2以下	3以下	5以下	8以下	10以下
浮遊物濃度（SS）（mg/L）	25以下	25以下	25以下	50以下	100以下	ごみなどが認められないこと
溶存酸素量（DO）（mg/L）	7.5以上	7.5以上	5以上	5以上	2以上	2以上
大腸菌群数（MPN/100 mL）	50以下	1000以下	5000以下	−	−	−
利用目的の適合性	水道1級 自然環境保全 及びA以下の欄に掲げるもの	水道2級 水産1級 水浴 及びB以下に掲げるもの	水道3級 水産2級 及びC以下に掲げるもの	水産3級 工業用水1級 及びD以下に掲げるもの	工業用水2級 農業用水 及びEに掲げるもの	工業用水3級 環境保全

イ

基準値	項目類型			
	生物A	生物特A	生物B	生物特B
全亜鉛（mg/L）	0.03以下	0.03以下	0.03以下	0.03以下
ノニルフェノール（mg/L）	0.001以下	0.0006以下	0.002以下	0.002以下
直鎖アルキルベンゼンスルホン酸及びその塩（mg/L）	0.03以下	0.02以下	0.05以下	0.04以下
利用目的の適合性	イワナ，サケマス等比較的低温域を好む水生生物及びこれらの餌生物が生息する水域	生物Aの水域のうち，生物Aの欄に掲げる水生生物の産卵場（繁殖場）又は幼稚仔の生育場として特に保全が必要な水域	コイ，フナ等比較的高温域を好む水生生物及びこれらの餌生物が生息する水域	生物A又は生物Bの水域のうち，生物Bの欄に掲げる水生生物の産卵場（繁殖場）又は幼稚仔の生育場として特に保全が必要な水域

自然環境保全	自然探勝等の環境保全
水道1級	濾過等による簡易な浄水操作を行うもの
水道2級	沈殿濾過等による通常の浄水操作を行うもの
水道3級	前処理等を伴う高度の浄水操作を行うもの
水産1級	ヤマメ，イワナ等貧腐水性水域の水産生物用並びに水産2級及び水産3級の水産生物用
水産2級	サケ科魚類およびアユ等貧腐水性水域の水産生物用及び水産3級の水産生物用
水産3級	コイ，フナ等，β－中腐水性水域の水産生物用
工業用水1級	沈殿等による通常の浄水操作を行うもの
工業用水2級	薬品注入等による高度の浄水操作を行うもの
工業用水3級	特殊な浄水操作を行うもの
環境保全	国民の日常生活（沿岸の遊歩等を含む）において不快感を生じない程度

表３　生活環境の保全に関する環境基準（湖沼）

天然湖沼及び貯水量10^7 m^{3}以上であり，かつ，滞留時間が４日以上である人工湖

ア

基準値	項目類型			
	ＡＡ	Ａ	Ｂ	Ｃ
水素イオン濃度（pH）	6.5以上8.5以下	6.5以上8.5以下	6.5以上8.5以下	6.5以上8.5以下
化学的酸素要求量（COD）（mg/L）	1以下	3以下	5以下	8以下
浮遊物濃度（SS）（mg/L）	1以下	5以下	15以下	ごみが認められないこと
溶存酸素量（DO）（mg/L）	7.5以上	7.5以上	5以上	2以上
大腸菌群数（MPN/100 mL）	50以下	1000以下	－	－
利用目的の適合性	水道1級 水産1級 自然環境保全及びＡ以下の欄に掲げるもの	水道２，３級 水産２級 水浴及びＢ以下に掲げるもの	水産３級 工業用水１級 農業用水及びＣ以下に掲げるもの	工業用水２級 環境保全

イ

基準値	項目類型				
	I	II	III	IV	V
全窒素（mg/L）	0.1以下	0.2以下	0.4以下	0.6以下	1以下
全燐（mg/L）	0.005以下	0.01以下	0.03以下	0.05以下	0.1以下
利用目的の適合性	自然環境保全およびII以下に掲げるもの	水道1，2，3級（特殊なものを除く） 水産1種 水浴及びIII以下に掲げるもの	水道3級（特殊なもの） 及びIV以下に掲げるもの	水産２種 及びVに掲げるもの	水産３種 工業用水 農業用水 環境保全

ウ

基準値	項目類型			
	生物Ａ	生物特Ａ	生物Ｂ	生物特Ｂ
全亜鉛（mg/L）	0.03以下	0.03以下	0.03以下	0.03以下
ノニルフェノール（mg/L）	0.001以下	0.0006以下	0.002以下	0.002以下
直鎖アルキルベンゼンスルホン酸及びその塩（mg/L）	0.03以下	0.02以下	0.05以下	0.04以下
利用目的の適合性	イワナ，サケマス等比較的低温域を好む水生生物及びこれらの餌生物が生息する水域	生物Ａの水域のうち，生物Ａの水域の欄に掲げる水生生物の産卵場（繁殖場）又は幼稚仔の生育場として特に保全が必要な水域	コイ，フナ等比較的高温域を好む水生生物及びこれらの餌生物が生息する水域	生物Ａ又は生物Ｂの水域のうち，生物Ｂの欄に掲げる水生生物の産卵場（繁殖場）又は幼稚仔の生育場として特に保全が必要な水域

自然環境保全	自然探勝等の環境保全
水道１級	濾過等による簡易な浄水操作を行うもの
水道２級	沈殿濾過等による通常の浄水操作を行うもの
水道３級	前処理等を伴う高度の浄水操作を行うもの（「特殊なもの」とは臭気物質の除去が可能な特殊な浄水操作を行うものをいう）
水産１級	ヒメマス等貧栄養湖沼の水域の水産生物用並びに水産２級及び水産３級の水産生物用
水産２級	サケ科魚類およびアユ等貧栄養湖沼の水域の水産生物用及び水産３級の水産生物用
水産３級	コイ，フナ等富栄養湖沼の水域の水産生物用
水産１種	サケ科魚類及びアユ等の水産生物用並びに水道２級及び水産３種の水産生物用
水産２種	ワカサギ等の水産生物用及び水産３種の水産生物用
水産３種	コイ，フナ等の水産生物用
工業用水１級	沈殿等による通常の浄水操作を行うもの
工業用水２級	薬品注入等による高度の浄水操作，又は，特殊な浄水操作を行うもの
環境保全	国民の日常生活（沿岸の遊歩等を含む）において不快感を生じない程度

表4　生活環境の保全に関する環境基準（海域）

ア

基準値	項目類型		
	A	B	C
水素イオン濃度（pH）	7.8以上8.3以下	7.8以上8.3以下	7.8以上8.3以下
化学的酸素要求量（COD）（mg/L）	2以下	3以下	8以下
溶存酸素量（DO）（mg/L）	7.5以上	5以上	2以上
大腸菌群数（MPN/100 mL）	1000以下	−	−
n－ヘキサン抽出物質（油分等）	検出されないこと	検出されないこと	−
利用目的の適合性	水産1級 水浴 自然環境保全及びB以下の欄に掲げるもの	水産2級 工業用水 及びCの欄に掲げるもの	環境保全

イ

基準値	項目類型			
	I	II	III	IV
全窒素（mg/L）	0.2以下	0.3以下	0.6以下	1以下
全燐（mg/L）	0.02以下	0.03以下	0.05以下	0.09以下
利用目的の適合性	自然環境保全およびII以下に掲げるもの	水産1種 水浴及びIII以下の欄に掲げるもの（水産2，3種を除く）	水産2種 及びIVの欄に掲げるもの（水産3種を除く）	水産3種 工業用水 生物生息環境保全

ウ

基準値	項目類型	
	生物A	生物特A
全亜鉛（mg/L）	0.02以下	0.01以下
ノニルフェノール（mg/L）	0.001以下	0.0007以下
直鎖アルキルベンゼンスルホン酸及びその塩（mg/L）	0.01以下	0.006以下
利用目的の適合性	水生生物の生息する水域	生物Aの水域のうち，水生生物の産卵場（繁殖場）又は幼稚仔の生育場として特に保全が必要な水域

自然環境保全	自然探勝等の環境保全
水産1級	マダイ，ブリ，ワカメ等の水産生物用及び水産2級の水産生物用
水産2級	ボラ，ノリ等の水産生物用
水産1種	底生魚介類を含めたような水産生物がバランスよく，かつ，安定して漁獲される
水産2種	一部の底生魚介類を除き，魚類を中心とした水産生物が多獲される
水産3種	汚濁に強い特定の水産生物が主に漁獲される
工業用水1級	沈殿等による通常の浄水操作を行うもの
工業用水2級	薬品注入等による高度の浄水操作，又は，特殊な浄水操作を行うもの
環境保全	国民の日常生活（沿岸の遊歩等を含む）において不快感を生じない程度
生物生息環境保全	年間を通して底生生物が生息できる限度

3　土壌汚染に係る環境基準

表1　土壌環境基準

項目	基準値
カドミウム	検液1Lにつき0.01mg以下であり，かつ，農用地においては，米1kgにつき0.4mg以下
全シアン	検出されないこと
有機燐	検出されないこと
鉛	検液1Lにつき0.01mg以下
六価クロム	検液1Lにつき0.01mg以下
砒素	検液1Lにつき0.05mg以下であり，かつ，農用地（田に限る）においては，土壌1kgにつき15mg未満
総水銀	0.0005mg/L以下
アルキル水銀	検出されないこと
PCB	検出されないこと
銅	農用地（田に限る）において，土壌1kgにつき125mg未満
ジクロロメタン	検液1Lにつき0.02mg以下
四塩化炭素	検液1Lにつき0.002mg以下
1,2−ジクロロエタン	検液1Lにつき0.004mg以下
1,1−ジクロロエチレン	検液1Lにつき0.1mg以下
シス−1,2−ジクロロエチレン	検液1Lにつき0.04mg以下
1,1,1−トリクロロエタン	検液1Lにつき1mg以下
1,1,2−トリクロロエタン	検液1Lにつき0.006mg以下
トリクロロエチレン	検液1Lにつき0.03mg以下
テトラクロロエチレン	検液1Lにつき0.01mg以下
1,3−ジクロロプロペン	検液1Lにつき0.002mg以下
チウラム	検液1Lにつき0.006mg以下
シマジン	検液1Lにつき0.003mg以下
チオベンカルブ	検液1Lにつき0.02mg以下
ベンゼン	検液1Lにつき0.01mg以下
セレン	検液1Lにつき0.01mg以下
フッ素	検液1Lにつき0.8mg以下
ホウ素	検液1Lにつき1mg以下

※試料と検液との重量体積比10%

4 地下水の水質汚濁に係る環境基準

表１　地下水の水質汚濁に係る環境基準

項目	基準値
カドミウム	0.003 mg/L 以下
全シアン	検出されないこと
鉛	0.01 mg/L 以下
六価クロム	0.05 mg/L 以下
砒素	0.01 mg/L 以下
総水銀	0.0005 mg/L 以下
アルキル水銀	検出されないこと
PCB	検出されないこと
ジクロロメタン	0.02 mg/L 以下
四塩化炭素	0.002 mg/L 以下
塩化ビニルモノマー	0.002 mg/L 以下
1,2-ジクロロエタン	0.004 mg/L 以下
1,1-ジクロロエチレン	0.1 mg/L 以下
1,2-ジクロロエチレン	0.04 mg/L 以下
1,1,1-トリクロロエタン	1 mg/L 以下
1,1,2-トリクロロエタン	0.006 mg/L 以下
トリクロロエチレン	0.01 mg/L 以下
テトラクロロエチレン	0.01 mg/L 以下
1,3-ジクロロプロペン	0.002 mg/L 以下
チウラム	0.006 mg/L 以下
シマジン	0.003 mg/L 以下
チオベンカルブ	0.02 mg/L 以下
ベンゼン	0.01 mg/L 以下
セレン	0.01 mg/L 以下
硝酸性窒素及び亜硝酸性窒素	10 mg/L 以下
フッ素	0.8 mg/L 以下
ホウ素	1 mg/L 以下
1,4-ジオキサン	0.05 mg/L 以下

西野　順也（にしの　じゅんや）

1954年宮城県生まれ.
東北大学工学部工学研究科応用化学科博士課程後期修了.
工学博士
1983年　石川島播磨重工業㈱（現㈱IHI）入社
2008年　宇部工業高等専門学校物質工学科教授
2012年　帝京平成大学健康メディカル学部医療科学科教授
現在に至る.
専門は環境化学，環境プロセス工学.

やさしい環境問題読本
地球の環境についてまず知ってほしいこと

2015年12月29日　初版発行

著　者　西 野 順 也
発行者　中 田 典 昭
発行所　東京図書出版
発売元　株式会社 リフレ出版
〒113-0021　東京都文京区本駒込 3-10-4
電話 (03)3823-9171　FAX 0120-41-8080
印　刷　株式会社 ブレイン

ISBN978-4-86223-914-3 C3040
Printed in Japan 2015
落丁・乱丁はお取替えいたします。

ご意見、ご感想をお寄せ下さい。

［宛先］〒113-0021　東京都文京区本駒込 3-10-4
東京図書出版